C.H.BECK **WISSEN**

in der Beck'schen Reihe

Warum gibt es Menschen? Wie lassen sich ihre körperlichen Merkmale und typischen Verhaltensweisen – von der Sexualität und Aggression bis zur Intelligenz und Kunst – erklären? Das Buch zeigt, wie diese uralten und zugleich höchst aktuellen Rätsel durch die neuesten Erkenntnisse der Evolutionsbiologie gelöst werden können.

Thomas Junker lehrt als apl. Professor *Geschichte der Naturwissenschaften* an der Fakultät für Biologie der Universität Tübingen. Bei C.H.Beck ist erschienen: *Geschichte der Biologie. Die Wissenschaft vom Leben* (2004).

Thomas Junker

DIE EVOLUTION DES MENSCHEN

Verlag C.H. Beck

Mit 23 Abbildungen und 1 Tabelle

Originalausgabe

Gesamtherstellung: Druckerei C. H. Beck, Nördlingen
Umschlagentwurf: Uwe Göbel, München
Printed in Germany
ISBN-10: 3 406 53609 3
ISBN-13: 978 3 406 53609 0

www.beck.de

Inhalt

Die Deutungsmacht der Evolutionsbiologie

Man kann Menschen nur verstehen, wenn man sie als Produkte der Evolution sieht. Liebe, Eifersucht und Hass, Freundschaft und Verrat, Angst und Mut, Aggression und Kooperation – die menschlichen Emotionen und Verhaltensweisen sind Teil ihrer Natur. Betrachtet man den inneren Bau, die physiologischen Vorgänge und das Aussehen des menschlichen Körpers, so sind die biologischen Notwendigkeiten nicht zu übersehen; ignoriert man sie aus Nachlässigkeit oder unter Zwang, kommt es zu Schädigungen und Krankheiten. Vererbung und Anpassung, Geschichte und Umwelt sind die elementaren Ursachen, aus denen sich Entstehung und Funktion der Merkmale aller Lebewesen erklären lassen. Wie bei jedem Tier, so müssen auch beim Menschen Fühlen, Denken und Verhalten bis ins Detail mit dem Körper abgestimmt sein.

Für die Evolutionsbiologie sind Menschen eine Tierart unter vielen, mit Eigenschaften, die sich als Anpassungen an eine frühere oder die heutige Umwelt erklären lassen. Diese Sichtweise ist vielfach ungewohnt und auf den ersten Blick kontraintuitiv, weil sie konventionellen Denkschablonen widerspricht. Zugleich hat sie eine ganze Reihe unschätzbarer Vorteile. So ermöglicht es die distanzierte, vergleichende Betrachtung, einen objektiven, d. h. wissenschaftlichen Standpunkt auch bei Fragen einzunehmen, bei denen individuelle und gesellschaftliche Illusionen weithin dominieren. Besonders deutlich wird dies bei den Themen Sexualität, Kultur, Moral und Aggression, es lässt sich aber auch in vielen anderen Bereichen beobachten.

Die Evolutionsbiologie kann Antworten auf die Fragen nach der Natur der Menschen und nach der Rolle der Kultur geben, da sie diese in lösbare Teilprobleme zerlegt: Was sind Menschen, und wie sind sie entstanden? Warum gibt es überhaupt Menschen? Wie lassen sich Körperbau, Aussehen und Verhalten im

Einzelnen erklären? Warum unterscheiden sich die Menschen der verschiedenen Erdteile und Länder? Warum unterscheiden sich Frauen und Männer in Merkmalen wie Größe und Behaarung? Warum in ihrem Verhalten? Warum werden Menschen krank, warum sterben sie? Warum legen sie so viel Wert auf ihre Freiheit?

Die Erforschung der Evolution der Menschen hat in den letzten Jahrzehnten große Fortschritte gemacht. Dies liegt zum einen an der Weiterentwicklung des darwinistischen Forschungsprogramms und seiner Ausdehnung auf neue Themenfelder durch Soziobiologie und Verhaltensökologie. Zum anderen haben sich die empirischen und methodischen Voraussetzungen sehr verbessert: So wurden zahlreiche Fossilien gefunden, die zwar nicht lückenlos sind – nicht sein können–, aber die grobe Entwicklung recht gut dokumentieren. Die vergleichenden Untersuchungen von Proteinen und Erbmaterial (DNA) bei verschiedenen heute lebenden Affen und Menschen haben das Verständnis der Abstammungsverhältnisse und Wanderungen enorm verbessert. Die Daten aus dem Humangenomprojekt und analogen Genomprojekten anderer Arten haben zu weiteren, teilweise spektakulären Erkenntnisfortschritten geführt und versprechen auch für die Zukunft eine Fülle neuer Einsichten. Und schließlich hat die vergleichende Verhaltensforschung an Schimpansen, Bonobos und anderen Primaten viele überkommene Vorstellungen zur Sonderstellung der Menschen ins Wanken gebracht.

Wie weit reicht die Methode der Evolutionsbiologie? Eine Grenze sind kulturell erworbene, d. h. erlernte Verhaltensweisen (wobei die Fähigkeit zu Lernen und damit zur Kultur selbst eine biologische Anpassung ist). In einigen Fällen lässt sich relativ leicht unterscheiden, ob ein Verhalten genetisch oder kulturell determiniert ist. So ist die Tatsache, dass man in Großbritannien auf der linken, in anderen Ländern auf der rechten Straßenseite fährt, erlernt und nicht durch ein britisches Linksfahr-Gen bestimmt. Andererseits basieren Hunger, Durst, Schlafbedürfnis und andere grundlegende Gefühle auf einem genetischen Programm und können durch Erziehung nur oberflächlich modifiziert werden. In wieder anderen Fällen sind der kulturelle und der genetische Anteil eng verwoben. Warum etwa bekleiden sich Menschen auch in Situationen, in denen es die äußere Umwelt nicht erfordert? Allgemein formuliert führt dies zu der heiß diskutierten Frage: Wie formbar ist die biologische Natur der Menschen durch die Gesellschaft, durch Erziehung und geistige Beeinflussung?

Um die Reichweite und Deutungsmacht der evolutionsbiologischen Erklärungen beurteilen zu können, muss man sie testen. Dieser Test ist das Leitmotiv des Buches: Beispielhaft zeigt er, wie erfolgreich die Evolutionsbiologie menschliche Eigenschaften bereits heute erklären kann, wo offene Fragen und ungelöste Probleme sind und wo sie (noch?) an Grenzen stößt.

Dank

Das Manuskript zu diesem Buch wurde zum Beginn des Sommersemesters 2006 fertig gestellt, als ich eine Heynehaus-Gastprofessur am Institut für Wissenschaftsgeschichte der Universität Göttingen wahrnahm. Es ist mir eine Freude, Nicolaas A. Rupke für die Einladung zu danken. In den letzten Jahren hatte ich Gelegenheit, verschiedene Thesen des Buches bei Vorträgen und in meinen Seminaren an den Universitäten Tübingen und Göttingen vorzustellen. Für die Einladungen sowie den Studentinnen und Studenten sei an dieser Stelle herzlich gedankt. Ebenso den Freunden und Bekannten, mit denen ich einige der Themen diskutieren konnte; stellvertretend seien nur Matthias Junker, Uli Kutschera, Walter Mann, Katharina Queck, Suzan Tosunlar, Andrea und Eckhart Wolscht genannt. Mein besonderer Dank aber geht an Sabine Paul für vielfältige wissenschaftliche und persönliche Ermutigungen. Ohne ihre beharrliche Unterstützung und ihre wertvollen Anregungen wäre das Buch nicht zu dem geworden, was es ist.

Homo sapiens? – Pan sapiens!

Am 14. Februar 1747 machte der berühmte Botaniker Carl Linnaeus seinem Ärger in einem Brief an den Sibirienforscher Johann Georg Gmelin Luft: «Ich frage Sie und die ganze Welt nach einem Gattungsunterschied zwischen dem Menschen und dem Affen, d.h. wie ihn die Grundsätze der Naturgeschichte fordern. Ich kenne wahrlich keinen und wünschte mir, dass jemand mir nur einen einzigen nennen möchte. Hätte ich den Menschen einen Affen genannt oder umgekehrt, so hätte ich sämtliche Theologen hinter mir her; nach kunstgerechter Methode hätte ich es wohl eigentlich gemusst» (Gmelin 1861: 55).

Was war geschehen? Zwölf Jahre zuvor hatte Linnaeus in der ersten Auflage seines *Systems der Natur* ein äußerst ehrgeiziges Programm vorgestellt. Er wollte, wie er später schrieb, nicht weniger als «ALLES, was auf der Erde vorkommt», benennen und einordnen (1751: 1). Alles – dazu zählten für ihn nicht nur alle Arten der Pflanzen, der Mineralien und der Tiere, sondern selbstverständlich auch die Menschen. Die Art *Homo sapiens* (vernünftiger Mensch), wie er sie nannte, bekam den ersten Rang zugewiesen, wurde aber zu den vierfüßigen Tieren (‹Quadrupedia›) gestellt und musste sich die Ordnung Anthropomorpha (die Menschengestaltigen) mit Affen und Faultieren teilen. Ab der zehnten Auflage des *Systems der Natur* (1758) ersetzte er den Namen ‹Quadrupedia› durch ‹Mammalia› (Säugetiere), und aus den Anthropomorpha wurden die Primaten, von lateinisch: die Ersten. Die Faultiere entfernte er aus der direkten Nähe der Menschen (und ersetzte sie durch die Fledermäuse), aber an dem Punkt, der ihm die meiste Kritik eingetragen hatte, ließ er sich nicht beirren: Die Menschen blieben Teil des Systems der Natur, und sie standen nahe bei den Affen.

Aus heutiger Sicht mag man die Aufregung der Zeitgenossen von Linnaeus belächeln, schließlich hatte er nur ein Ordnungs-

Abb. 1: Im Jahr 1699 erschien die erste wissenschaftliche Untersuchung eines Schimpansen durch den Arzt Edward Tyson.

system geschaffen, das sich zudem lediglich auf gut abgrenzbare körperliche Merkmale bezog. Höhere geistige Fähigkeiten, beispielsweise die Sprache, hat nur der Mensch, davon war Linnaeus wie fast alle Naturforscher seiner Zeit überzeugt. In vielerlei Hinsicht war sein System also ein noch unsicherer erster Schritt. Zugleich markierte es aber den Beginn einer weltanschaulichen Revolution, deren Konsequenzen erst langsam ins Bewusstsein der Menschen treten. Von nun an waren sie ein Teil der Natur, eine Tierart unter vielen. Die uralte Frage nach der Natur des Menschen konnte nicht nur, nein, sie musste mit naturwissenschaftlichen Methoden untersucht werden. Philosophen und Theologen verstanden diese Kampfansage sehr wohl: Die Biologie würde von nun an selbst eine Anthropologie sein, eine Lehre vom Menschen.

Und heute? Welche Chancen hätte der Vorschlag, den «Menschen einen Affen zu nennen, oder umgekehrt»? Molekulargenetische Untersuchungen haben gezeigt, dass Menschen mehr als 98 Prozent ihrer DNA und fast alle Gene mit Schimpansen gemeinsam haben (mit Mäusen beispielsweise sind es rund 80 Prozent). Tierarten mit einem so geringen genetischen Abstand werden normalerweise einer einzigen Gattung zugerechnet. Die Menschen wären dann, wie Jared Diamond vor einigen Jahren anregte, neben Schimpansen und Bonobos die dritte Schimpansenart, *Pan sapiens* (Diamond 1998; *Nature* 2005). Linnaeus hätte sich über diese späte Rechtfertigung seiner Ideen durch die modernen Biowissenschaften wohl gefreut.

Linnaeus hat die Ähnlichkeit zwischen Menschen und Affen nicht als Folge materieller Verwandtschaft und Evolution gedeutet, sondern er glaubte, dass jede Art getrennt erschaffen worden ist. Einige seiner Zeitgenossen waren da weniger zögerlich, und bald begann man über Menschen als abgewandelte Affen, und umgekehrt, zu spekulieren. Durchgesetzt hat sich die Evolutionstheorie aber erst ein Jahrhundert später, als Charles Darwin zeigen konnte, wie sich die Eigenschaften der Lebewesen im Wechselspiel von Vererbung und Selektion verändern. Das natürliche System wurde zur Grundlage für den Stammbaum aller Organismen. Gemeinsame Abstammung, schrieb Darwin, sei «die einzige sicher bekannte Ursache von Ähnlichkeit bei Lebewesen» (1859: 456). Der Schluss von Ähnlichkeit auf Verwandtschaft ist nicht in allen Fällen zutreffend, bei Wahl geeigneter Merkmale und Methoden aber sehr wohl geeignet, zuverlässige Stammbäume zu erstellen.

Welche Beweise gibt es für die Primaten-Abstammung der Menschen?

Primaten sind eine Ordnung der Säugetiere mit rund 230 heute lebenden Arten. Feuchtnasenaffen (Strepsirhini) und Koboldmakis (Tarsiiformes) hat man früher als Halbaffen (Prosimiae) zusammengefasst. Die so genannten echten Affen werden in die Neuwelt-Affen Amerikas (Platyrrhini, Breitnasenaffen) sowie in die Altwelt-Affen Afrikas und Asiens (Catarrhini, Schmalnasenaffen) unterteilt. Zu den Altwelt-Affen zählen die Schwanzaffen (Cercopithecoidea) sowie die Menschenaffen einschließlich der Menschen (Hominoidea). ‹Primaten› ist also der wissenschaftliche Name für eine Tiergruppe, die man im Deutschen umgangssprachlich als ‹Affen› bezeichnet. In diesem Sinne stammen die

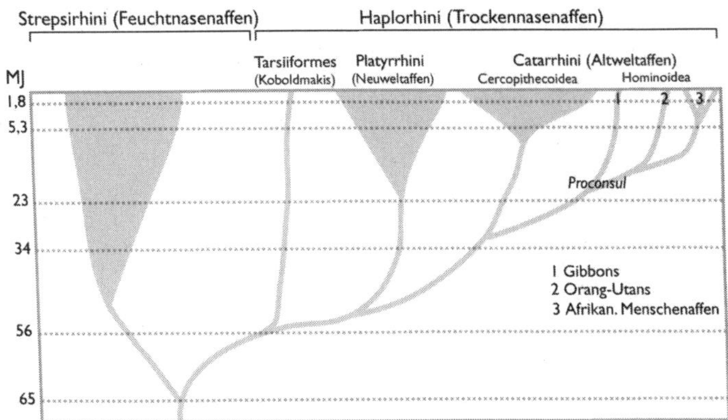

Abb. 2: Stammbaum der heute lebenden Primaten

Menschen selbstverständlich von Affen bzw. Menschenaffen ab, aber nicht von heutigen, sondern von fossilen Arten.

Die Ursprünge der Primaten reichen mehr als 65 Millionen Jahre (MJ) in die Zeit der Dinosaurier zurück. Aus Fossilfunden und molekularbiologischen Daten weiß man, dass die gemeinsamen Vorfahren der sog. echten Affen (im Gegensatz zu den Halbaffen) vor rund 40 MJ in Afrika lebten. Von dort stammen auch die Neuwelt-Affen, die Südamerika entweder über den Atlantischen Ozean oder über die damals nicht völlig eisbedeckte Antarktis erreichten. Vor etwa 28 MJ trennten sich dann in Afrika die größeren, schwanzlosen Menschenaffen von den Schwanzaffen (Meerkatzen, Paviane u. a.). Bemerkenswert vollständige Fossilien früher Menschenaffen haben sich von Arten der Gattung *Proconsul* in Ostafrika erhalten (20–17 MJ alt). Obwohl es sich bei *Proconsul* wohl nicht um den direkten Vorfahren heutiger Menschenaffen handelt, vermittelt er doch einen Eindruck, wie dieser ausgesehen haben mag (Stewart & Disotell 1998).

Die meisten Primaten sind an das Leben in tropischen Wäldern angepasst. Das flache Gesicht, bei dem die Augen sich an der Vorderseite des Kopfes befinden, ermöglicht räumliches Sehen – lebenswichtig für Arten, die sich durch Hangeln, Klet-

Abb. 3: Künstlerische Rekonstruktion von Proconsul *(nach Bonis 2001–02)*

tern und Springen auf Bäumen und Ästen fortbewegen. Wenige Primaten wie Dscheladas, Husarenaffen und Menschen leben in offenem Gelände, wo sie auf dem Boden laufen müssen. Und nur Menschen sind schlechte Kletterer, da ihre Füße durch die Anpassung an ausdauerndes Laufen auf zwei Beinen die Greiffähigkeit verloren haben.

Anatomische Beweise

Bereits die Naturforscher des 18. Jahrhunderts wussten, dass Menschen in ihren anatomischen Strukturen bis in kleine Details mit den Menschenaffen übereinstimmen. Und obwohl einige Wissenschaftler ihren ganzen Ehrgeiz daransetzten, einen absoluten Unterschied zu finden – in der Zahl und Anordnung der Knochen, im Aufbau des Gehirns oder in anderen Eigenschaften –, erwies sich jeder dieser vermeintlichen Funde als trügerisch. So hat man eine Weile vermutet, dass Menschen der Zwischenkieferknochen fehlt, in dem bei Säugetieren die oberen Schneidezähne verwurzelt sind. Kein Geringerer als Johann Wolfgang von Goethe konnte zeigen, dass Menschen auch in diesem Detail mit den anderen Tieren übereinstimmen (Junker 2004 a: 42–3). Das Ergebnis der Suche nach einer qualitativen anatomischen Einzigartigkeit der Menschen war insgesamt negativ. Was man fand, waren quantitative Abweichungen – in den Proportionen von Armen und Beinen, in der Behaarung und

Pigmentierung der Haut oder in der relativen Größe des Gehirns.

Molekularbiologische Beweise

Die Frage war also nicht mehr, *ob*, sondern *wie* Menschen mit den anderen Menschenaffen verwandt sind. Da sich die großen Menschenaffen in ihrer äußeren Erscheinung, der Art der Fortbewegung und im Verhalten von Menschen doch recht deutlich unterscheiden, vermutete die Mehrheit der Biologen bis in die 1990er Jahre, dass Schimpansen, Gorillas und Orang-Utans untereinander näher verwandt sind als mit den Menschen, und vereinte sie in der Familie der Pongiden. Die Stammlinie, die zu den Menschen führt, hätte sich also zuerst abgespalten. Es war einer der großen Erfolge der Molekularbiologie, dass sie durch den Vergleich von Proteinen und DNA sowohl die Abstammungsverhältnisse als auch die annähernden Zeitpunkte der Aufspaltungen eindeutig bestimmen konnte. Eine der ältesten Kontroversen in der Primatenforschung war damit beigelegt.

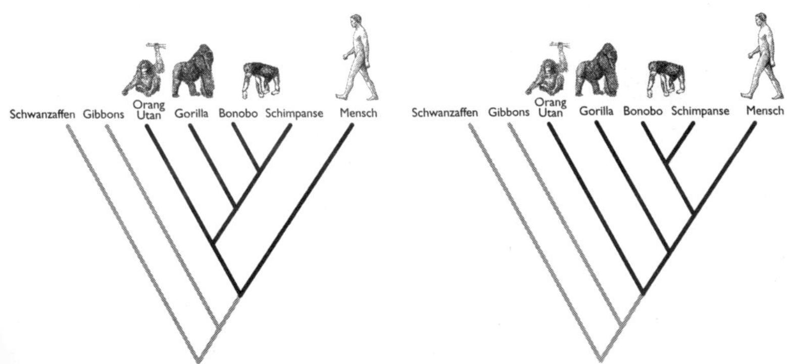

Abb. 4: Die Vorstellungen über die Verwandtschaftsverhältnisse der Menschenaffen haben sich durch Untersuchungen an Erbmaterial (DNA) grundlegend verändert. Links das traditionelle Schema, bei dem Menschen eine lange, unabhängige Evolution durchlaufen. Rechts das neue Modell, bei dem Menschen und Schimpansen nahe verwandt sind (nach Foley 2000).

Das inzwischen allgemein akzeptierte Ergebnis war, dass Menschen und Schimpansen am nächsten miteinander verwandt sind, dann mit Gorillas und schließlich mit Orang-Utans (Pilbeam & Young 2004). Die Ähnlichkeiten zwischen den anderen Menschenaffen, die Biologen in die Irre geführt hatten, sind also Folge ihrer ähnlichen Lebensweise und nicht Resultat naher genetischer Verwandtschaft. Bei Menschen dagegen sind abweichende Merkmale entstanden, weil sie sich an andere ökologische Bedingungen – an das Leben in Baum- und Gras-Savanne – angepasst haben.

Die molekulare Uhr

Der DNA-Vergleich hat darüber hinaus noch einen unschätzbaren Vorteil: Man kann nicht nur die relativen Verwandtschaftsverhältnisse feststellen, sondern auch den ungefähren *Zeitpunkt*, an dem sich die Gruppen getrennt haben. Die sogenannte molekulare Uhr basiert auf der Hypothese, dass die genetischen Veränderungen (Mutationen) in dem untersuchten DNA-Abschnitt über einen bestimmten Zeitraum mit einer gleichmäßigen Rate

Tabelle: Neue Klassifikation der Menschenaffen aufgrund molekularbiologischer Daten

Überfamilie Hominoidea (Menschenaffen)	
Familie Hylobatidae (kleine Menschenaffen)	⇨ Gattung *Hylobates* (Gibbons, Siamangs)
Familie Hominidae (große Menschenaffen, Hominiden)	
Unterfamilie Poginae	⇨ Gattung *Pongo* (Orang-Utans)
Unterfamilie Gorillinae	⇨ Gattung *Gorilla* (Gorillas)
Unterfamilie Homininae	
Tribus Panini	Gattung *Pan* (Schimpansen, Bonobos)
Tribus Hominini (Homininen)	
Subtribus Australopithecina (Australopithecinen)	Gattungen *Sahelanthropus, Orrorin, Ardipithecus, Australopithecus, Paranthropus*
Subtribus Hominina (Menschen)	Gattung *Homo*

erfolgt sind. Wenn zudem der absolute Zeitpunkt einer der Verzweigungspunkte durch unabhängige Daten aus Paläontologie oder Archäologie bekannt ist, lassen sich die anderen Aufspaltungen datieren.

Vincent M. Sarich und Allan C. Wilson hatten in ihrer ersten entsprechenden Untersuchung von 1967 die Trennung zwischen Menschenaffen und anderen Altweltaffen auf 30 Millionen Jahre geschätzt, was etwa 5 Millionen Jahre für die Aufspaltung zwischen afrikanischen Menschenaffen (Schimpansen und Gorillas) und Menschen entsprechen würde. Bis dahin hatten viele Paläoanthropologen eine unabhängige Evolution der menschlichen Stammlinie von 15 bis zu mehr als 30 Millionen Jahre für durchaus plausibel gehalten. Neuere Untersuchungen brachten Korrekturen im Detail, der Grundgedanke hat sich aber bewährt. So haben molekulare Daten nicht nur die konventionelle Klassifikation hinfällig gemacht, die zwischen Menschen und (anderen) Menschenaffen unterschied, sondern auch die Zeitvorstellungen revolutioniert. Daraus wiederum ergaben sich bedeutsame Konsequenzen für eine ganze Reihe von Vorstellungen über die Evolution der Menschen.

So macht es, um nur ein Beispiel zu nennen, die längere gemeinsame Geschichte mit den anderen Menschenaffen sehr viel wahrscheinlicher, dass sich auch bei geistigen Fähigkeiten Übereinstimmungen und nicht ein weitgehend isolierter Sonderweg der Menschen beobachten lässt. Die Methode, durch DNA-Vergleiche evolutionäre Stammbäume zu rekonstruieren, ist inzwischen so weit entwickelt, dass sich eine bisher unüberwindliche Grenze schmerzlich bemerkbar macht: Man benötigt intakte DNA, und die ist bei Fossilien nur in seltenen Fällen gegeben.

Paläontologische Beweise

An anatomischen, physiologischen und anderen biologischen Ähnlichkeiten kann man erkennen, dass Menschen zu den Primaten und innerhalb der Primaten zu den Menschenaffen gehören. Die Molekularbiologie hat diese Verwandtschaft bestätigt und präzisiert: Menschen sind afrikanische Menschenaffen, am nächsten verwandt mit den Schimpansen. Inwieweit passen nun die fossilen Funde – die dritte wichtige Gruppe von Beweisen – ins Bild? Der Vergleich der Daten aus Anatomie, Molekularbiologie und Paläontologie ist höchst aufschlussreich, da sie unabhängig voneinander gewonnen werden. Stimmen sie überein, spricht dies für eine erhöhte Sicherheit der Schlussfolgerungen, widersprechen sie sich, gewinnt man Hinweise auf mögliche Irrtümer. Auf diese Weise konnte beispielsweise die These der Paläontologen widerlegt werden, dass der auf bis zu 20 Millionen Jahre geschätzte fossile Affe *Ramapithecus* aus Pakistan zu den direkten Vorfahren der Menschen gehört.

Auf der anderen Seite sind Fossilien unerlässlich, um die Stammbäume der Molekularbiologen zu überprüfen, zu eichen und zu präzisieren. So war es eine Sensation, als man vor wenigen Jahren einen relativ gut erhaltenen Homininen-Schädel fand, der auf 7 Millionen Jahre datiert wurde. Details der Zähne und Kiefer sowie eine digitale Rekonstruktion des Schädels von *Sahelanthropus tchadensis* machen wahrscheinlich, dass es sich um einen aufrecht gehenden Homininen und nicht um einen Vorfahren der Gorillas handelt (Brunet et al. 2002; Zollikofer et al. 2005). Es sieht also danach aus, als müsste die grobe Einschätzung der Molekularbiologen, dass der letzte gemeinsame Vorfahre von Menschen und Schimpansen vor 5 bis 8 Millionen Jahre lebte, eher nach oben korrigiert werden.

Die detaillierte Rekonstruktion von Stammbäumen anhand von Fossilien ist generell schwierig. Dies liegt zum einen an der schon von Darwin beklagten Lückenhaftigkeit der fossilen Überlieferung. Reste von Lebewesen bleiben ja nur erhalten, wenn sie von Sediment überlagert und so vor der weiteren Verwitterung geschützt werden. Dann finden sich meist nur die härtesten Körperteile – Zähne und Knochen –, während die Haut, innere Organe oder Muskeln kaum Spuren hinterlassen. Und schließlich sind Paläontologen darauf angewiesen, dass die fossilienführenden Schichten zugänglich sind, d. h. in der Regel, dass sie sich nah an der Oberfläche befinden müssen. Zum an-

Abb. 5: Der im Jahr 2002 der Öffentlichkeit vorgestellte Schädel von Sahelanthropus tchadensis *ist seinen Entdeckern zufolge der älteste bisher bekannte Fund eines Homininen.*

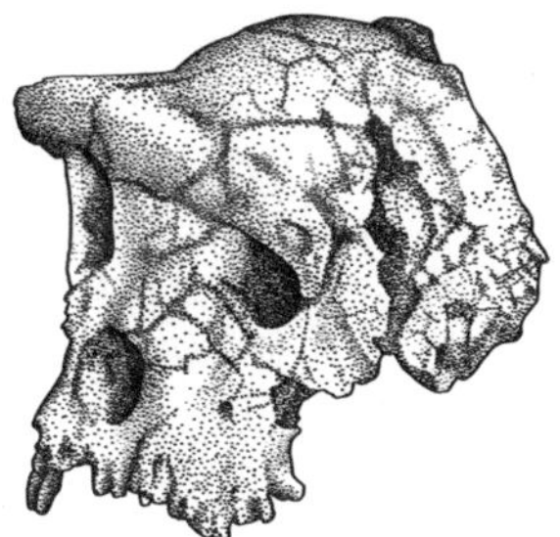

deren ist es oft unklar, welche genaue Position ein Fossilfund im Stammbaum einnimmt. Die Paläontologie ist unerlässlich für die Erforschung der Evolution der Menschen, in ihren Ergebnissen hinkt sie aber aus den genannten Gründen oft hinter der vergleichenden Anatomie und Molekularbiologie her.

1871, als Darwins *Descent of Man* erschien, fehlten fossile Beweisstücke für die Evolution der Menschen noch fast völlig. Die einzige Ausnahme waren Reste eines ungewöhnlichen Skeletts, die 1856 in einer Höhle des Neandertales bei Düsseldorf gefunden worden waren. 1891 entdeckte der junge Arzt Eugen Dubois dann auf Java Skelettreste, die als Zwischenglied zwischen Menschenaffen und Menschen interpretiert werden konnten. Dubois' *Pithecanthropus erectus* (‹aufrecht gehender Affenmensch›) wird heute *Homo erectus* genannt. Dies gilt auch für den ‹Pekingmenschen› *(Sinanthropus pekinensis)*, der Ende der 1920er Jahre im Gebiet von Zhoukoudian (40 km südlich von Peking) gefunden worden war. Bereits 1907 war der Paläontologe Otto Schoetensack südöstlich von Heidelberg auf einen gut erhaltenen Unterkiefer gestoßen, der den Namen *Homo heidelbergensis* erhielt.

Bis Mitte der 1920er Jahre waren also nur wenige Fossilien aus späteren Phasen der Evolution der Menschen entdeckt worden. Und die Fundorte befanden sich in Europa, Südostasien und China, was die weit verbreitete Annahme zu bestätigen schien, dass der Ursprung der Menschen in Zentralasien war. Erst nach 1924 rückte Afrika ins Zentrum des paläoanthropologischen Interesses, als Raymond Dart über die Entdeckung des Schädels eines Homininen in Südafrika berichtete. Die ersten Reaktionen auf den Fund, den Dart *Australopithecus africanus* (‹südlicher Affe aus Afrika›) nannte, waren kritisch bis ablehnend.

Seit Ende der 1950er Jahre wurden auch in Ostafrika, vor allem am Turkana-See (Kenia) und in der Olduvai-Schlucht (Tansania), sowie in Äthiopien zahlreiche Fossilien von Australopithecinen geborgen, die man verschiedenen Arten zuordnete. Eine Sensation war der Fund eines vergleichsweise vollständigen Skeletts von *Australopithecus afarensis* in der äthiopischen Afar-Senke durch Donald Johanson im Jahr 1974. Unter dem Namen ‹Lucy› wurde das 3,2 Millionen Jahre alte Skelett zu einer Berühmtheit. Seither wurden zahlreiche weitere Funde in Afrika gemacht, allerdings waren zunächst keine Fossilien von Homininen darunter, die älter als 4,5 Millionen Jahre sind. Das hat sich erst vor kurzem geändert: Mit *Ardipithecus ramidus* (bis zu ~ 5,5 MJ), *Orrorin tugenensis* (~ 6 MJ) und *Sahelanthropus tchadensis* (6–7 MJ) beginnt sich auch diese Lücke zu schließen. Auf der anderen Seite wurden bisher keine fossilen Homininen, die älter als 2 Millionen Jahre sind, außerhalb von Afrika entdeckt. Es gilt deshalb heute als sicher, dass der letzte gemeinsame Vorfahre von Menschen und Schimpansen in Afrika lebte, wie das schon Darwin vermutet hat, und dass sich hier auch die nächsten Phasen der Evolution der Menschen abgespielt haben.

Von Affen zu Menschen

Am «Anfang war der Kohlenstoff» – dieses Motto sollte einer Stammesgeschichte der Organismen vorangestellt werden, schrieb Ernst Krause in *Werden und Vergehen*, einem Bestseller des 19. Jahrhunderts, der breite Bevölkerungsschichten mit dem neuen Weltbild der Evolutionstheorie bekannt machte (1886: 93). Buch und Verfasser sind heute vergessen, zu ihrer Zeit sah sich aber sogar das preußische Abgeordnetenhaus genötigt einzuschreiten, als ein Gymnasiallehrer, der bedeutende Botaniker Hermann Müller, es als Schullektüre verwenden wollte. Sicherheitshalber wurde daraufhin der Biologieunterricht für die Oberstufe gleich ganz abgeschafft (Depdolla 1941).

Eine umfassende Darstellung der Evolution der Menschen müsste in der Tat mit der Entstehung des Lebens beginnen, die Bildung der ersten Zellen einbeziehen, vom Ursprung der vielzelligen Tiere vor mehr als 650 Millionen Jahren berichten, die weitere Evolution über Wirbeltiere, Fische, landlebende Amphibien, Reptilien, Säugetiere bis zu den Primaten und schließlich zu den Menschen verfolgen. So wichtig die Gemeinsamkeiten der Menschen mit anderen Organismen bis hin zu Einzellern auch sind, so wenig Emotionen rufen sie im Allgemeinen hervor – zumindest verglichen mit der Verwandtschaft von Menschen und (anderen) Affen.

Im vorigen Kapitel habe ich Beweise für die Zugehörigkeit der Menschen zu den Primaten angeführt. Nun soll es um den Abschnitt der Stammesgeschichte gehen, der vom letzten gemeinsamen Vorfahren mit den nächsten lebenden Verwandten unter den Menschenaffen zu den ersten Menschen führte. Dieser Vorfahre (der ‹Ur-Schimpanse›) lebte vor rund 6 bis 7 Millionen Jahren. Wie man sich an Abbildung 6 verdeutlichen kann, hängen die Ausdehnung und der Beginn dieses Stammbaumastes davon ab, welche Arten heute existieren. Wäre beispielsweise die Gattung *Paranthropus* nicht ausgestorben, so wäre dieser Stammbaumast mit rund 3 Millionen Jahren entsprechend kürzer. Und umgekehrt: Wenn die Schimpansen aussterben sollten, so würde er vor rund 8 Millionen Jahren mit dem als ‹Regenwald-Menschenaffe› bezeichneten Vorfahren von Menschen und Gorillas beginnen. Diese einfache Überlegung zeigt, dass es sich bei den fossilen Arten auf dem Stammbaumast der Homininen nur teilweise um Menschen handeln muss.

Die Paläoanthropologie hat in den letzten Jahrzehnten eine stürmische Entwicklung erlebt. Es vergeht kaum ein Jahr, in dem nicht von einem neuen, oft überraschenden Fossilfund berichtet wird. Die einzelnen Funde fossiler Homininen und die

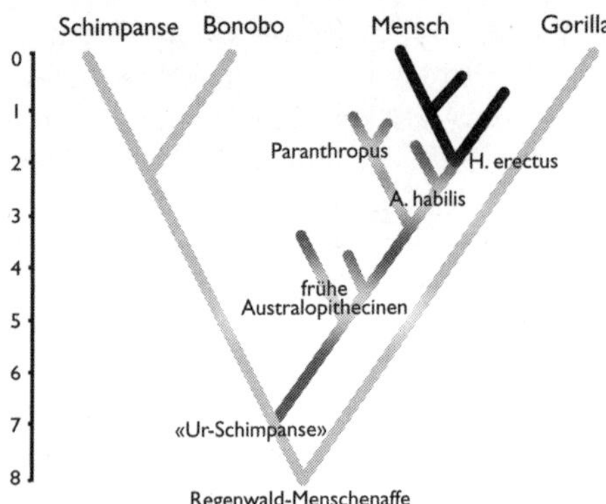

Abb. 6: Vereinfachter Stammbaum der afrikanischen Menschenaffen. Helle Linie: Menschenaffen des Regenwaldes. Dunkle Linie: aufrecht laufende Menschenaffen offener Waldlandschaften. Schwarze Linie: Menschen (nach Wrangham 2001)

oft kontroversen Interpretationen werden in einer ganzen Reihe von Publikationen mit unterschiedlichem Schwerpunkt referiert und diskutiert. An dieser Stelle werde ich einen anderen Zugang wählen, der durch ein charakteristisches Merkmal der zu den Menschen führenden Stammesgeschichte ermöglicht wird: Es lassen sich zwei Phasen besonders schneller Evolution beobachten, die von Zeiten eher langsamerer Entwicklung abgelöst wurden. Entsprechend weisen die Arten aus den eher stabilen Phasen viele gemeinsame Merkmale auf; vor und nach den Umbrüchen sind die Unterschiede größer (Wrangham 2001).

Zum ersten Umbruch kam es vor rund 7 bis 6 Millionen Jahren: Aus den Ur-Schimpansen des Regenwaldes entstanden aufrecht laufende Menschenaffen: die Australopithecinen. Für 5 Millionen Jahre besiedelten sie erfolgreich verschiedene ökologische Nischen und geographische Regionen außerhalb des tropischen Dschungels, in trockeneren Landstrichen mit weiter verstreuten Bäumen und Wäldern an den Ufern von Seen und Flüssen. Der aufrechte Gang prägte die gesamte Anatomie, er war der elementare Ausgangspunkt für die weitere Evolution. Er war aber nur eine von mehreren Voraussetzungen: Für einige Millionen Jahre kam es nicht zu einer signifikanten Vergrößerung des Gehirns oder zu anderen typisch menschlichen Merkmalen. Der zweite und vielleicht entscheidende Umbruch erfolgte vor rund 2 Millionen Jahren und führte zur Entstehung der ersten echten Menschen *(Homo erectus)*. Es kam zum Umbau des Bewegungsapparates, der ausdauerndes Laufen möglich machte, zu einer enormen Vergrößerung des Gehirns, einer anderen Ernährung, einem veränderten Sexualverhalten und einer anderen Sozialstruktur.

Der letzte gemeinsame Vorfahre – ein Schimpanse?

Wie kann man sich die letzten gemeinsamen Vorfahren von Menschen und Schimpansen vorstellen, die vor mehr als 7 Millionen Jahren in Afrika lebten? Da bisher keine Fossilien aus der Zeit kurz vor der Trennung der beiden Linien gefunden wurden, geht man bei der Rekonstruktion von den heute lebenden Menschenaffen aus. Weiter nimmt man an, dass Menschen sich stärker von dem gemeinsamen Vorfahren unterscheiden als Schimpansen. Sie sollen also mehr neue (abgeleitete) Eigenschaften aufweisen, während die gemeinsamen Merkmale von Schimpansen, Gorillas (und Orang-Utans) ursprünglicher sind. Theoretisch wäre es möglich, dass die gemeinsamen Merkmale der großen Menschenaffen, in denen sie sich von Menschen unterscheiden, unabhängig voneinander mehrfach entstanden sind, aber dies ist extrem unwahrscheinlich.

Alle heute lebenden Menschenaffen (von Menschen abgesehen) sind an das Leben im tropischen Regenwald angepasst. Bäume sind Nahrungsquelle, Schlafplatz und Schutz vor Raubtieren in einem. Diese Umwelt erklärt viele Aspekte ihrer Lebensweise, ihres Verhaltens und ihrer Anatomie. Alle Menschenaffen, auch Gorillas, bevorzugen als Nahrung reife Früchte, wenn diese vorhanden sind. In der Anatomie zeigen sie Anpassungen an Hangeln, Armschwingen und senkrechtes Klettern an Bäumen und Ästen.

Man stellt sich den gemeinsamen Vorfahren von Schimpansen und Menschen also ähnlich heutigen Schimpansen oder Bonobos vor. Es waren behaarte Menschenaffen des Regenwaldes, die die überwiegende Zeit auf Bäumen zubrachten, wo sie sich hangelnd vorwärts bewegten. Am Boden liefen sie im Knöchelgang auf allen vieren. Ihre Nahrung bestand überwiegend aus reifen Früchten sowie aus weichen Pflanzenteilen wie Blättern oder Mark, weshalb die Backenzähne relativ klein waren. Ergänzt wurde die Kost durch Insekten und kleine Säugetiere. In der Körpergröße unterschieden sich die Geschlechter um ca. 50 Prozent, die Männchen hatten zudem ausgeprägte Eckzähne. Es existierte also ein relativ deutlicher Sexualdimorphismus. Sie lebten in sozialen Gruppen von bis zu 50 Individuen, und die Weibchen kopulierten mit einer großen Zahl von Männchen, und umgekehrt.

Die aufrecht laufenden Menschenaffen

Der erste größere Umbruch geschah vor 7 bis 6 Millionen Jahren, als eine Population von Ur-Schimpansen erfolgreich den Regenwald verließ. Auslöser war ein Wandel zu trockenerem Klima mit starken saisonalen Schwankungen, in dessen Folge die Regenwälder aus großen Gebieten verschwanden und durch offene Waldlandschaften und Grasland ersetzt wurden. Einige baumbewohnende Menschenaffen konnten sich nicht in den verbliebenen Regenwald zurückziehen – vielleicht weil sie in isolierten Arealen lebten. Dadurch waren sie gezwungen, zunehmend längere Strecken offenen Geländes zu durchqueren, um von einer Baumgruppe zur nächsten zu gelangen, in der sie Nahrung und Schutz fanden. Die Fossilien von Pflanzen und Tieren, die zusammen mit Australopithecinen gefunden wurden, deuten auf vielfältige, aber eher trockene Habitate hin. Sie umfassen offenes Wald- und Buschland, teilweise auch dichtere Wälder und Flussufer, aber keine Regenwälder, wie sie für Schimpansen und Gorillas typisch sind. In Bezug auf die genaue geographische Region, in der sich dies abgespielt hat, gibt es zwei unterschiedliche Theorien. Bis vor wenigen Jahren bevorzugte man das ostafrikanische Rift Valley, das von Äthiopien bis Südafrika reicht. Hier wurden bisher die meisten Fossilien gefunden, und es entspricht auch in ökologischer Hinsicht dem vermuteten Lebensraum. Einer anderen Theorie zufolge kommt der gesamte Streifen offener Waldlandschaften in Frage, der den zentralafrikanischen Regenwald von West- über Ost- nach Südafrika umgab.

Um in dieser neuen Umwelt überleben zu können, mussten sich die Australopithecinen erstaunlich wenig verändern. Unter den Merkmalen, die sie von den Regenwald-Vorfahren beibehielten, waren lange Arme, bewegliche Schultern, ein voluminöser Darm, starke Kiefer, ein ausgeprägter Sexualdimorphismus sowie ein menschenaffengroßes Gehirn. Der mit heutigen Gorillas vergleichbare Größenunterschied zwischen den Geschlechtern deutet auf intensive körperliche Konkurrenz zwischen den Männchen hin und ist ein Hinweis auf Haremsbildung (Polygynie). Ähnlich wie heutige Schimpansen waren sie wohl überwiegend Vegetarier. Als Anpassung an das in der trockeneren Umwelt festere Pflanzenmaterial (Nüsse, Samen, harte Früchte) wurden die Zähne deutlich größer und durch Zunahme des Zahnschmelzes härter. Eine wichtige Ergänzung ihrer Nahrung waren möglicherweise unterirdische Speicherorgane von Pflanzen wie Zwiebeln, Knollen, Rüben und andere Wurzeln. Um Nahrung zu suchen oder vor Raubtieren zu fliehen, haben sie sich noch überwiegend kletternd und hangelnd auf Bäumen bewegt. Zwischen den weiter voneinander entfernten Bäumen oder Waldgebieten liefen sie auf zwei Beinen.

Warum begannen die Australopithecinen in dieser Situation aufrecht zu gehen, statt – wie beispielsweise die savannenbewohnenden Paviane – zu einer vierbeinigen Fortbewegungsweise zurückzukehren? Ein Grund ist der unterschiedliche evolutionäre Ausgangspunkt. Sowohl die Vorfahren der Paviane als auch die der Australopithecinen lebten auf Bäumen, aber die Art der Fortbewegung war anders: Während die ursprünglichen Schwanzaffen auf allen Vieren *auf* den Ästen liefen und sprangen, haben sich die schwereren Menschenaffen *unter* den Ästen geschwungen und gehangelt, oder sie kletterten in aufrechter Körperhaltung an den Bäumen hoch.

Als beide Gruppen zum Bodenleben übergingen, konnten die Affen ihre Fortbewegungsart im Prinzip beibehalten und mussten sie nur an den anderen Untergrund anpassen. Die Menschenaffen dagegen nahmen in den Bäumen bereits eine aufrechte

Abb. 7: Typische Bewegungsarten von Menschenaffen: Knöchelgang (Gorilla), Armschwingen (Gibbon) und aufrechtes Laufen (Schimpanse) (nach Macdonald 2001)

Körperhaltung ein. Australopithecinen haben sich also nicht aus Tieren mit typischem vierbeinigem Gang entwickelt, sondern sie hatten durch ihre hangelnde Fortbewegungsweise bereits Anpassungen entwickelt, die den Übergang zum aufrechten Gang erleichterten. Den Fossilfunden nach zu schließen, haben sich die Australopithecinen zudem bevorzugt in den Uferbereichen von Seen und Flüssen aufgehalten. Beim Waten im flachen Wasser aber kommen die Vorteile der aufrechten Körperhaltung besonders zum Tragen (Niemitz 2004). Der zweibeinige Gang war aber noch nicht die ausschließliche Fortbewegungsweise, sondern eine unter mehreren Möglichkeiten (fakultative Zweibeinigkeit). Auch waren sie noch nicht in der Lage, weitere Strecken auf zwei Beinen zurückzulegen.

Während der nächsten fünf Millionen Jahre – bis sie vor etwa 1,4 Millionen Jahren ausstarben – waren die Australopithecinen eine sehr erfolgreiche Gruppe. Es werden mindestens fünf verschiedene Gattungen und rund fünfzehn Arten gezählt (Wood & Richmond 2000). Diese existierten in den offenen Waldlandschaften und Savannen Afrikas nach und nebeneinander wie es Gorillas, Schimpansen und Bonobos heute im Regenwald tun.

Waren die Australopithecinen Menschen? Für viele Anthropologen des 19. und 20. Jahrhunderts war der aufrechte Gang das entscheidende Kriterium, und da die Australopithecinen dieses Merkmal aufweisen, galten sie als Menschen. Im Vordergrund stand dabei nicht die aufrechte Fortbewegungsweise als solche, sondern man sah ihren wichtigsten Nutzen darin, dass die Hände für andere Funktionen frei wurden. Der aufrechte Gang soll also durch die Vorteile des Werkzeuggebrauchs oder des Transports von Gegenständen oder Jungtieren entstanden sein. Der Gebrauch der Hände wiederum hätte höhere Intelligenzleistungen erfordert, was als Ursache für die Zunahme der Gehirngröße galt. Nach den neueren Funden der Paläoanthropologie ist dieser Gedankengang nicht mehr stichhaltig.

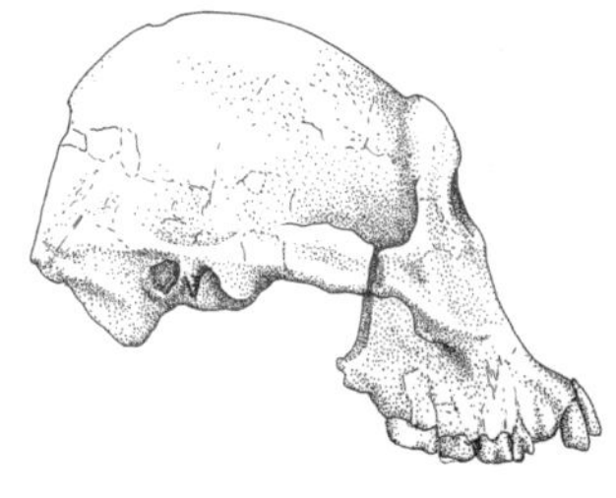

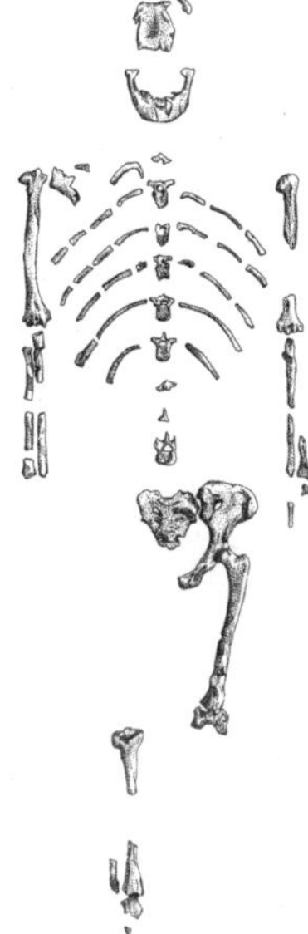

Abb. 8: Schädel und Skelett von Australopithecus afarensis *(‹Lucy›).* A. afarensis *lebte vor 4 bis 3 Millionen Jahren, wurde 100 bis 150 cm groß und hatte ein Gehirnvolumen 375 bis 540 ccm.*

Nimmt man *A. afarensis* als Vergleichsmaß, gingen Australopithecinen mindestens 2 Millionen Jahre aufrecht, ohne dass es während dieser Zeit zu einer signifikanten Zunahme der relativen Gehirngröße gekommen ist (bestätigt sich, dass bereits *Sahelanthropus* vor 6,5 Millionen Jahren aufrecht ging, so würde sich dieser Zeitraum sogar verdoppeln). Auch sonst kam es in dieser langen Zeit kaum zu einer Annäherung an die Merkmale von *Homo*. Abgesehen vom aufrechten Gang, ähneln die Australopithecinen viel eher Schimpansen als heutigen Menschen. Sie sind zwar Teil des Stammbaumastes, der auch zu den Menschen führt, also Homininen. Sie selbst waren aber noch keine Menschen, sondern der entscheidende Schritt der Menschwerdung geschah erst später.

Die ersten Menschen

Wenn es nicht der aufrechte Gang war, durch den Menschen zu dem wurden, was sie heute sind, was war es dann? Auch hier scheint ein Klimawandel der Auslöser gewesen zu sein. Vor 2,5 Millionen Jahren wurde das Klima in Afrika noch trockener, Bäume wurden seltener und die Waldlandschaften wandelten sich zunehmend in Busch- und Grassavannen. Dies verringerte nicht nur das Nahrungsangebot an Früchten, sondern auch die Fluchtmöglichkeiten vor schnellen Raubtieren wie Löwen, Leoparden und Hyänen reduzierten sich drastisch. In dieser Krisensituation, in der sicher viele Populationen von Australopithecinen ausstarben, überlebten einige Gruppen, indem sie sich in ihrer Fortbewegungsweise spezialisierten, neue Nahrungsquellen erschlossen und ‹intelligente› Verteidigungsmethoden erfanden. Vielleicht haben sie mit Steinen geworfen, mit dornigen Ästen geschlagen oder primitive Waffen aus Holz gefertigt. Tatsache ist, dass einige dieser Australopithecinen überlebten und sich schließlich zu Menschen entwickelten.

Die Überlebensstrategie, die zu den Menschen führte, war aber nicht die einzig mögliche. Eine andere erfolgreiche Gruppe der Australopithecinen spezialisierte sich auf harte Pflanzennahrung wie Samen oder Früchte mit harter Schale. Diese robusten Australopithecinen werden heute in der Gattung *Paranthropus* zusammengefasst. Sie lebten noch mehr als eine Million Jahre, bevor sie ausstarben. Allgemein lässt sich feststellen, dass während der Evolution der Homininen zu den meisten Zeiten mehrere Arten in derselben geographischen Region, vielleicht sogar an denselben Orten, koexistierten. Das traditionelle Bild der Evolution der Menschen als einer Stufenleiter, die von äffischen Vorfahren bis zu heutigen Menschen reicht, ist also nicht zutreffend. Es ähnelt eher einem Baum mit vielen Ästen, von denen einige nur der Frühzeit angehören, andere bis fast in die Gegenwart reichen. Eher ungewöhnlich ist die heutige Situation, in der es nur noch eine einzige Art – *Homo sapiens* – gibt.

Die Evolution von Australopithecinen zu Menschen lässt sich durch zwei Gruppen von Fossilien eingrenzen. Die ersten sind etwa 2,5 Millionen Jahre alt und stammen von einer traditionellerweise als *Homo habilis* (‹geschickter Mensch›) bezeichneten fossilen Art. Wie menschlich waren die Individuen von *H. habilis*? Sie hatten etwas größere Gehirne als ihre Vorgänger (550 ccm im Vergleich zu 410–515 ccm bei anderen Australopithecinen). Sie aßen bereits große Säugetiere, wobei sie Steinsplitter fertigten und als Messer benutzten, um das Fleisch von den Knochen zu schaben. In den meisten anderen Aspekten ihrer Anatomie und Lebensweise entsprachen sie aber noch ganz den Australopithecinen. Sie waren geschickte Kletterer und hatten große Zähne, die Männchen waren deutlich schwerer als die Weibchen, und ihr Lebenszyklus entsprach dem der Menschenaffen. Wegen dieser Ähnlichkeiten wurde dafür plädiert, sie zur Gattung *Australopithecus* zu zählen (der Name ändert sich entsprechend zu *A. habilis*; Wood & Collard 1999).

Eine zweite Gruppe von Fossilfunden, die etwa 1,9 Millionen Jahre alt ist, zeigt, dass es in der Zwischenzeit bei einem Teil der Australopithecinen zu einschneidenden Veränderungen kam. Die Arme wurden kürzer, die Beine länger. Dieser Wandel in den Körperproportionen ging mit dem Verlust der besonderen Kletterfähigkeit einher, ermöglichte aber ausdauerndes Laufen auf zwei Beinen, was in der neuen Umwelt der Buschsavanne entscheidend war.

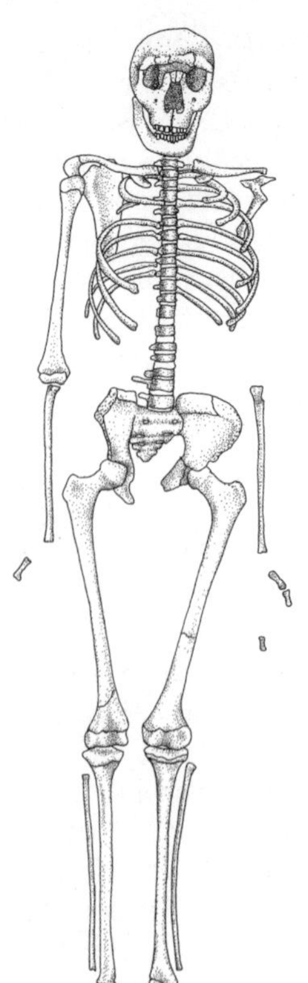

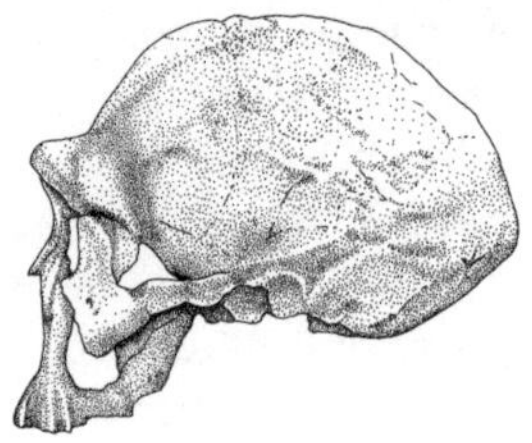

Abb. 9: Schädel und Skelett von Homo erectus *(‹Turkana Boy›).* H. erectus *lebte vor 1,9 bis 0,2 Millionen Jahren, wurde bis zu 185 cm groß und hatte ein Gehirnvolumen von 725 bis 1250 ccm.*

Verglichen mit den meisten Vierbeinern sind Menschen relativ schlechte Sprinter, anatomische und physiologische Untersuchungen haben aber gezeigt, dass sie lange Strecken erstaunlich gut bewältigen (Bramble & Lieberman 2004). Die Anpassung an ausdauerndes Laufen betraf nicht nur das gesamte Skelett- und Muskelsystem, die schlanke Körperform und die Mundatmung bei Belastung, sondern auch zwei charakteristische Merkmale, an die man in diesem Zusammenhang vielleicht nicht sofort denkt: die Nacktheit und die im Vergleich zu anderen Primaten ausgeprägte Schweißabsonderung. Beide Merkmale haben auch

Nachteile: Das stark reduzierte Fell macht Menschen schutzloser, und durch Schwitzen wird der Wasserverlust erhöht. Was sind die Vorteile, und welchen Zusammenhang gibt es zu ausdauerndem Laufen?

Die Verbindung zwischen Nacktheit, Schwitzen und Laufen besteht in der Regulierung der Körpertemperatur: Nackte Haut strahlt Hitze wirksamer ab, und die Verdunstung von Wasser beim Schwitzen kühlt den Körper. Eine leistungsfähige Regulierung der Körpertemperatur wiederum ist eine wichtige Voraussetzung für ausdauerndes Laufen unter Hitzebelastung. Warum aber begannen Menschen über weite Strecken zu laufen, wenn Gehen einfacher, sicherer und weniger energieaufwändig ist? Eine plausible Erklärung ist, dass sie so an energiereiche, aber weit verstreute Nahrung wie Fleisch, Mark und Gehirn gelangen konnten. Wie andere Raubtiere werden sie gejagt, aber auch Aas nicht verschmäht haben. Vielleicht haben sie sich – ähnlich wie wilde Hunde und Hyänen – an kreisenden Geiern orientiert, um an Aas zu gelangen, und sie mussten weite Strecken zurücklegen, um dieses zu sichern.

Im gleichen Zeitraum kam es zu einer Reihe weiterer folgenreicher Veränderungen. Das Gehirnvolumen verdoppelte sich fast auf über 1000 ccm, d. h., es muss einen enormen Selektionsdruck in Richtung auf höhere Intelligenz gegeben haben. Mit der Vergrößerung des Gehirns erhöhte sich auch die zeitliche und energetische Investition der Mütter drastisch, was vielfältige Auswirkungen auf die gesamte menschliche Fortpflanzungsbiologie hatte. Obwohl später noch wichtige Veränderungen erfolgten – eine weitere Vergrößerung des Gehirns, schmalere Körper, höhere sprachliche und kulturelle Komplexität –, ähneln diese Vorfahren heutigen Menschen in Körpergröße und -gestalt, Lebens- und Fortbewegungsweise, so dass sie zu Recht Menschen – *Homo erectus* – genannt werden. *H. erectus* war eine äußerst erfolgreiche Art, es waren die ersten Homininen, denen es gelang, andere Erdteile zu besiedeln.

Afrika und die Eroberung der Welt

Die Aussage hätte nicht eindeutiger sein können: «Aus Analysen der Mitochondrien-DNA [...] folgt, dass alle heutigen Menschen von einer Frau abstammen, die vor rund 200 000 Jahren in Afrika gelebt hat» (Wilson & Cann 1992: 72). Nachdem die Molekularbiologen Ende der 1960er Jahre spektakuläre Ergebnisse über die Verwandtschaft von Menschenaffen und Menschen vorgelegt hatten, schickten sie sich zwei Jahrzehnte später ein weiteres Mal an, die Paläoanthropologie zu revolutionieren. In beiden Fällen leiteten sie ihre Schlussfolgerungen aus DNA-Vergleichen heute lebender Organismen ab. Hatte man zunächst Menschen und andere Menschenaffen verglichen, sollte nun menschliche DNA aus verschiedenen geographischen Regionen Aufschluss über den Ursprung der modernen Menschen während der letzten Jahrhunderttausende geben.

Die ersten entsprechenden Ergebnisse, 1987 veröffentlicht, schienen eindeutig: Die modernen Menschen sind vor rund 200 000 Jahren in Afrika entstanden, und alle heutigen Menschen stammen ausschließlich von diesen Vorfahren ab (Cann et al. 1987). Damit bestätigten sie das ‹Out of Africa›-Modell (‹Aus Afrika›), das Paläoanthropologen wie Günter Bräuer (1984) und Chris Stringer (2002) Anfang der 1980er Jahre aufgrund fossiler Funde entwickelt hatten. Es besagt, dass die Weiterentwicklung von *Homo erectus* zu modernen Menschen in Afrika stattfand, weil sich nur dort fossile Übergangsformen finden; zugleich hielt man (eher seltene) Vermischungen mit Menschen aus anderen Regionen für wahrscheinlich. Die Molekularbiologen glaubten nun, solche Kreuzungen weitestgehend ausschließen zu können, und postulierten, dass die Neandertaler und die Nachfahren der asiatischen *H.-erectus*-Populationen ‹ersetzt› wurden, d.h. ausstarben, ohne Nachkommen zu hinterlassen. Diese Version des ‹Out of Africa›-Modells wird deshalb auch als ‹Ersetzungsmodell› (*replacement model*) bezeichnet.

Krieg oder Liebe?

Der Name ‹Out of Africa› ist eigentlich missverständlich, da heute alle Paläoanthropologen von der ursprünglichen Entstehung der Australopithecinen und der ersten Menschen *(H. erectus)* in Afrika ausgehen. Durch Fossilfunde belegt ist auch, dass es vor rund 1,7 Millionen Jahren zu einer ersten Auswanderung aus Afrika nach Asien und später nach Europa kam. Und schließlich herrscht weitgehende Übereinstimmung über spätere Auswanderungswellen aus Afrika. Die spannende und kontroverse Frage ist nun, was passierte, als die verschiedenen Populationen nach langen Phasen der Isolation wieder aufeinandertrafen. Haben die späteren Auswanderer die lokalen Bevölkerungen ersetzt – sei es durch kriegerische Konflikte oder durch Nahrungskonkurrenz –, oder haben sie sich vermischt?

Das ‹Out of Africa›-Ersetzungsmodell beruhte auf der Sequenzierung von DNA-Abschnitten aus Mitochondrien. Dabei handelt es sich um kleine Zellorganellen, die ursprünglich eigenständige Einzeller waren und aus diesem Grund Erbmaterial enthalten. Die mitochondriale DNA macht nur einen verschwindend geringen Anteil an der Gesamt-DNA eines Menschen aus. Vererbt wird sie nur über die mütterliche Linie, da bei der Befruchtung nur Mitochondrien aus der Eizelle, nicht aber aus der Samenzelle an den Embryo weitergegeben werden. Im Gegensatz zur DNA im Zellkern kommt es also bei der sexuellen Fortpflanzung nicht zu einer Durchmischung, was die Rekonstruktion der Abstammungslinien erleichtert.

Als man mitochondriale DNA aus verschiedenen Regionen untersuchte und aus den Mutationen einen Stammbaum ableitete, kam man zu interessanten Schlussfolgerungen: 1) Die erste größere Aufspaltung im Stammbaum heutiger Menschen fand in Afrika statt. 2) Daraus schloss man, dass dort der Ursprung ihrer mitochondrialen DNA zu finden ist. 3) Durch die quantitative Auswertung der Mutationen (molekulare Uhr) ließ sich dieser Ursprung auf 140 000–290 000 Jahre, die Auswanderung

Exkurs:
Wie viele Menschenarten gibt es?

Ein wichtiger Unterschied zwischen den Modellen zur jüngeren Evolution der Menschen besteht darin, ob und wie viel genetischer Austausch zwischen den einzelnen Populationen angenommen wird. Der Übergang von einem gemeinsamen Genpool zu reproduktiver Isolation ist biologisch äußerst folgenreich und wird dadurch gekennzeichnet, dass man von verschiedenen *Arten* spricht (biologischer Artbegriff). War der Genfluss zwischen den Populationen völlig unterbrochen oder sehr selten (d.h., es gab keine gemeinsamen Nachkommen), würde man von Menschenarten sprechen (*H. neanderthalensis*, *H. sapiens* usw.). Kam es zu häufiger, erfolgreicher Reproduktion, handelt es sich um Unterarten oder Populationen (Rassen) einer gemeinsamen Art *H. sapiens*. Da die Anhänger des Multiregionalen Modells ein relativ hohes Maß an Genfluss unterstellen, akzeptieren sie nur eine oder wenige Menschenarten. Ihre Gegner betonen dagegen die reproduktive Isolation und gehen entsprechend von acht und mehr Arten aus. Die unterschiedlichen Ansichten über die Zahl der fossilen Menschenarten sind nun teilweise dadurch bedingt, dass der Nachweis von Genfluss oder Isolation mit technischen Schwierigkeiten verbunden ist.

Der Kontoverse liegt aber noch ein grundsätzliches methodisches Problem zugrunde, das aus der Übertragung des biologischen Artbegriffs in die Paläontologie entsteht. Wenn man Arten als natürliche Populationen definiert, die von anderen solchen Gruppen reproduktiv isoliert sind, so bezieht sich das auf Populationen, die zur selben Zeit am gleichen Ort leben. In der Paläontologie hat man es aber oft mit kontinuierlichen Übergängen zu tun, bei denen Arten in einer einzigen Stammlinie allmählich auseinander hervorgehen. In solchen Fällen ist eine objektive Abgrenzung unmöglich. Aus pragmatischen Gründen nimmt man diese aber trotzdem vor, da die Art *H. sapiens* bis zu den ersten Einzellern zurückreichen würde, wenn man ihre Stammlinie nicht in Vorfahren- und Nachkommenarten unterteilt. Abgrenzungen innerhalb einer Stammlinie – beispielsweise zwischen *H. erectus*, *H. heidelbergensis* und *H. sapiens* – beinhalten also ein subjektives Element, und es sind auch andere Einteilungen möglich.

einzelner Populationen aus Afrika auf 90000–180000 Jahre datieren. Da man 4) in Asien keine stark abweichenden Typen mitochondrialer DNA fand, die auf Populationen von *H. erectus* zurückgehen könnten, folgerte man, dass die ursprünglich dort lebenden Menschen ausstarben, ohne etwas zum heutigen menschlichen Genpool beizutragen.

Dem alternativen Multiregionalen Modell zufolge gab es während der ganzen Menschheitsevolution kontinuierlichen, wenn auch durch die großen Entfernungen reduzierten, genetischen Kontakt zwischen den Populationen. Die teilweise Isolation führte zu lokalen Unterschieden, aber der weiter bestehende Genfluss verhinderte eine längerfristige unabhängige Evolution, so dass die Menschen sich bis heute als gemeinsame evolutionäre Stammlinie entwickelten. Zudem wurde postuliert, dass die Vorfahren der heutigen Europäer hauptsächlich die Neandertaler, diejenigen der heutigen Ostasiaten Peking- bzw. Java-Menschen waren (Thorne & Wolpoff 1992).

Mit ihren Modellen zur jüngeren Evolution der Menschheit fanden sich die Paläoanthropologen – schneller als ihnen vielleicht lieb war – im Zentrum einer öffentlichen Debatte wieder. Die sachliche Argumentation über richtige oder falsche Ideen wurde von politischen Auseinandersetzungen überlagert, in denen es darum ging, ob man diese für wünschenswert oder schädlich hielt. So verwiesen Vertreter des ‹Out of Africa›-Modells darauf, dass ihrer Ansicht nach die Unterschiede zwischen den geographischen Populationen (‹Rassen›) eher jungen Datums sind, Rassenvorurteile also kaum biologisch begründet werden können. Im Gegenzug haben ihre Gegner, die Anhänger des Multiregionalen Modells, hervorgehoben, dass ‹Out of Africa› den Genozid an Neandertalern und *H.-erectus*-Menschen impliziere. Und als man die Frau, auf die sich die Mitochondrien heutiger Menschen zurückführen lassen, als «Eva der Mitochondrien» bezeichnete, hatte das ‹Out of Africa›-Modell endgültig die Sympathie der Medien auf seiner Seite. Der Verweis auf die Paradieslegende musste aber zu gravierenden Missverständnissen führen. Weder waren die mitochondriale ‹Eva› und der ‹Adam› des Y-Chromosoms ein Paar (Erstere lebte vor mehr als 140 000, Letzterer vor rund 60 000 Jahren), noch waren sie die einzigen Menschen ihrer Zeit. Sie waren auch nicht die einzigen Vorfahren, die zum menschlichen Genpool beitrugen, sondern nur Ausgangspunkt für einen winzigen Bruchteil der Gene heutiger Menschen. Die vielen tausend anderen Gene haben jeweils andere Ausgangspunkte und damit andere Vorfahren (d.h. ‹Evas› und ‹Adams›).

Urheimat im Kaukasus

Die Entdeckung der besonders nahen Verwandtschaft von Menschen und Schimpansen in den 1990er Jahren baute auf der traditionellen darwinistischen Sichtweise auf, modifizierte sie aber in einem entscheidenden Detail. Hingegen ist die Überzeugung, dass Afrika der Schwerpunkt fast der gesamten Menschheitsentwicklung war, eine wirklich neue Idee. Es finden sich zwar schon früher Bemerkungen über einen möglichen afrikanischen Ursprung der Menschen, diese blieben aber verstreut, wurden kaum zur Kenntnis genommen und bezogen sich oft nur auf die frühesten Phasen der Evolution der Homininen.

Als bevorzugtes Entstehungs- und Ausbreitungszentrum der Menschen nannte man in der Vergangenheit meist Asien, besonderes Augenmerk galt dem Kaukasus, einer Gebirgsregion im Norden der heutigen Türkei und des Irans. Für diese Ansicht gab es kaum wissenschaftliche Gründe, sondern sie leitete sich aus religiösen (biblischen) Legenden ab. Linnaeus beispielsweise glaubte, dass die Urheimat der Menschen, das Paradies, eine Insel in der Nähe des Äquators war, auf der ein hohes Gebirge alle klimatischen Bedingungen auf engem Raum ermöglicht habe (Hofsten 1916: 49–50). Den biblischen Legenden zufolge wurden dann später fast alle Menschen und Landtiere durch die Sintflut vernichtet. Nur Noah und seine Familie sowie die Tiere, die auf seiner Arche Platz fanden, sollen überlebt haben. Den Landeplatz der Arche vermutete man am Berg Ararat, einem über 5000 Meter hohen erloschenen Vulkan im Kaukasus.

Wenn man diese religiöse Idee akzeptierte, was auch viele Biologen bis weit ins 19. Jahrhundert hinein taten, so ergab sich eine ganze Reihe offener Fragen. Zwei wurden für die Anthropologie besonders wichtig: Zum einen musste erklärt werden, wie Menschen (und Tiere) vom Kaukasus in weit entfernte und durch Ozeane getrennte Gebiete gelangen konnten. Als besonderes Problem galt dabei Amerika. Zum anderen musste man zeigen, warum die Menschen in den verschiedenen geographischen Regionen unterschiedlich aussehen, obwohl sie doch alle von Noahs Familie abstammen sollen. Der Anthropologe Johann Friedrich Blumenbach hat den Stand der Wissenschaft am Ende des 18. Jahrhunderts so zusammengefasst: Das «Vaterland der ersten Menschen» waren die Länder in der Nähe des Kaukasus. Noch heute soll die dort lebende «kaukasische Varietät» den ursprünglichen Menschen ähneln. Dafür spreche, dass es sich um den «schönsten Menschenstamm» handle, der die ursprüngliche weiße Hautfarbe am ehesten bewahrt habe. Auch die heutigen Europäer gehören zur kaukasischen Varietät. Die anderen vier Menschenvarietäten – die mongolische, amerikanische, malayische und äthiopische – hätten sich von dort verbreitet und durch das Klima und andere äußere Einflüsse in ihren neuen Heimatländern verändert (1798: 213–4).

Im Laufe des 19. Jahrhunderts verloren die religiösen Legenden zunehmend an Einfluss auf die Wissenschaft. An ihrer Stelle begannen Kolonialismus und Nationalismus die anthropologischen Ideen zu prägen. So begründeten beispielsweise die Briten ihren Anspruch, dass der Ursprung der Menschheit in England zu finden ist, mit dem (unglücklicherweise gefälschten) Piltdown-Menschen. Im Dritten Reich meinte man dann, dass «als Heimat der Menschwerdung im Grunde nur Europa bleibt», da hier vor 550000–600000 Jahren eine Eiszeit für die entscheidenden Selektionsbedingungen gesorgt habe (Junker 2004b: 406–10). Die religiösen und nationalistischen Ideen formten die Anthropologie, aber sie bestimmten sie nicht ausschließlich, sondern es gab vielfältige Bemühungen, sachliche Überlegungen in den Vordergrund zu stellen.

Bereits Darwin hatte für die früheste Phase der Evolution der Hominінen, d.h. für die Zeit der Abspaltung von den anderen Menschenaffen, Afrika ins Spiel gebracht, da er Gorillas und

Schimpansen für die nächsten Verwandten der Menschen hielt (1871, 1: 199). Der Jenaer Zoologe Ernst Haeckel, der sich mehr als jeder andere für die Verbreitung der Evolutionstheorie in Deutschland einsetzte, bevorzugte dagegen Südasien; seinem System zufolge wären die Menschen asiatische Menschenaffen, am nächsten verwandt mit Orang-Utans (1911: 755–7).

Die Eroberung der Welt

Bis heute hat man keine fossilen Homininen, die älter als 2 Millionen Jahre (MJ) sind, außerhalb von Afrika gefunden. Es ist deshalb weitgehend sicher, dass sich die frühen Phasen – zwischen der Abspaltung von den Schimpansen vor rund 7 und der Entstehung der ersten Menschen vor rund 2 MJ – ausschließlich in Afrika abspielten. Fossile und molekularbiologische Daten lassen nun gleichermaßen darauf schließen, dass es mindestens drei größere Ausbreitungswellen aus Afrika gab (*Science* 2001). Die früheste ging von *H. erectus* aus (‹Out of Africa 1›). Es war die erste Menschenart, der es gelang, in gemäßigte Klimazonen vorzustoßen und eine Vielzahl von Habitaten in weit entfernten geographischen Regionen zu besiedeln. Mit sich führten sie einfache Steinwerkzeuge der Oldowan-Kultur, die in Afrika erstmals vor rund 2,6 MJ auftauchen. Bereits vor 1,7 MJ haben Menschen Dmanisi in Georgien erreicht. Vor 1,5 MJ sind sie im Mittleren Osten und 300 000 Jahre später in Südeuropa nachweisbar.

Schwerpunkt der ersten Ausbreitungswelle war Asien, vielleicht bedingt durch die geologische und klimatische Situation. Die ostasiatische Linie könnte sich in zwei geographisch getrennte Populationen aufgespalten haben: eine südliche (Java) und eine nördliche Linie (China). Die Evolution in Asien scheint relativ unabhängig von der afrikanisch-europäischen Linie erfolgt zu sein, da die fortgeschritteneren Steinwerkzeuge der Acheuléen-Kultur in Asien außerhalb des Nahen Ostens selten gefunden wurden. Jedenfalls lebten die Nachfahren der *H.-erectus*-Auswanderer für mehr als eine Million Jahre in Ostasien, bevor sie ausstarben. Ihr Verschwinden könnte mit dem Eintreffen der modernen Menschen vor rund 40 000 Jahren in Zusam-

Abb. 10: Stammbaum der Menschen (Gattung Homo*)*

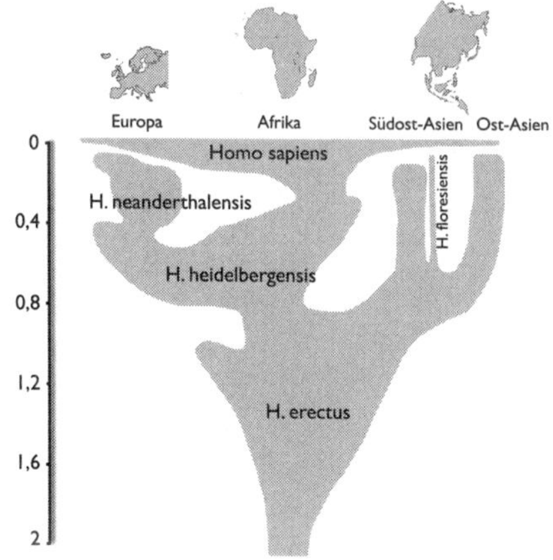

menhang stehen. Es kam vielleicht zu einer ähnlichen Situation wie in Europa, wo die Neandertaler mit den Neueinwanderern für einige tausend Jahre koexistierten, bevor sie verschwanden.

Dies zumindest war der Stand des Wissens bis zum Oktober 2004, als über den Fund eines nur rund 18 000 Jahre alten Skeletts einer neuen Menschenart auf der indonesischen Insel Flores berichtet wurde. *H. floresiensis* war nur etwa einen Meter groß, zeigte aber trotz eines nur schimpansengroßen Gehirns Zeichen fortgeschrittener Intelligenz, was an der Jagd mit hoch entwickelten Steinwerkzeugen erkennbar ist. Seine Entdecker halten die neue Art für Abkömmlinge von *H. erectus*, die Zwergform wird als Folge der Langzeitisolation auf einer Insel erklärt (Brown et al. 2004).

Allgemein führte die Ausbreitung der Menschen dazu, dass sich der Genfluss zwischen den Populationen in Afrika, Asien und Europa aufgrund der weiten Entfernungen drastisch reduzierte. Ob er über längere Zeit völlig zum Erliegen kam und so reproduktiv getrennte Menschenarten entstanden, ist aber noch Gegenstand der Diskussion.

In Afrika tauchte dann vor rund 600 000 Jahren eine neue Menschenart auf – *Homo heidelbergensis* (oder ‹archaischer› *H. sapiens*). *H. heidelbergensis* war der erste Hominine, dessen

Gehirn so groß war wie bei modernen Menschen. Körperlich war er etwas robuster, was für eine Anpassung an gemäßigte Klimazonen spricht. Auf ihn geht die zweite große Auswanderungswelle zurück – ‹Out of Africa 2›–, die vor allem nach Europa führte. Vor rund 500 000 Jahren haben die neuen Menschen Südeuropa, Frankreich, Deutschland und England erreicht, wo sie eindrucksvolle Spuren hinterließen. Mit sich führten sie die fortgeschritteneren Steinwerkzeuge der Acheuléen-Kultur, die vor 1,5 Millionen Jahren in Afrika entstand war. Sie zeichnet sich durch Faustkeile sowie andere sorgfältig bearbeitete symmetrische Geräte aus. *H. heidelbergensis* konnte offensichtlich sehr viel besser mit den Klimaschwankungen in Europa umgehen als frühere Menschen. Ein Vorteil waren vielleicht die besseren Werkzeuge. Jedenfalls waren sie erfolgreiche und geschickte Jäger, wie die spektakulären Funde von Schöningen in Thüringen zeigen. Dort fand man 400 000 Jahre alte, sorgfältig bearbeitete Holzspeere zusammen mit den Skeletten von mehr als einem Dutzend Pferden und anderen Überresten.

Eine dritte Ausbreitungswelle (‹Out of Africa 3›) fand vor weniger als 100 000 Jahren statt. In ihrem Verlauf kolonisierten anatomisch moderne Menschen *(Homo sapiens)* Ostasien (~ 40 000) sowie Europa (~ 45 000) erneut und erreichten zudem erstmals Australien (~ 50 000), Amerika (~ 15 000) und entfernte Inseln im Pazifik. Mit ‹anatomisch modern› ist gemeint, dass diese Menschen sich in ihrer Anatomie nicht von heutigen unterscheiden, dass sie aber noch nicht unbedingt alle Merkmale modernen Verhaltens – Kunst und komplexe Sprache beispielsweise – aufwiesen (Stringer 2002; Mellars 2006).

Neandertaler und Cro-Magnons

Als die Vorfahren der heutigen Europäer vor 45 000 Jahren im Zuge der dritten Ausbreitungswelle (‹Out of Africa 3›) diesen Kontinent erreichten, lebte dort bereits ein anderer Menschentyp, die kräftigeren Neandertaler. Kontakte zwischen verschiedenen Populationen muss es in der Menschheitsgeschichte häufiger gegeben haben. Das Aufeinandertreffen von Neandertalern und

Abb. 11: Wanderungen von Homo sapiens *(‹Out of Africa 3›)*

Cro-Magnon-Menschen, wie man die frühen Populationen von *H. sapiens* in Europa auch nennt (nach dem Fundort Cro-Magnon in Frankreich), war aber die vielleicht letzte entsprechende Begegnung.

Die gemeinsamen Vorfahren von Neandertalern und Cro-Magnons lebten wahrscheinlich in Afrika; durch DNA-Analysen konnte die Aufspaltung der beiden Linien auf rund 315 000 Jahre datiert werden. Während sich einige Populationen von *Homo heidelbergensis* in Europa ausbreiteten und vor rund 250 000 Jahren zu den Neandertalern weiterentwickelten, war der wohl größere Teil – die Vorfahren der heutigen Menschen – in Afrika zurückgeblieben. Wo und wann genau die ersten modernen Menschen dort entstanden, ist noch unsicher. Fossilfunde und molekulare Daten sprechen aber für die Gebiete südlich der Sahara oder für Ostafrika; die Zeit schätzt man auf rund 200 000 Jahre. Mit neueren Methoden konnten frühe Fossilien anatomisch moderner Menschen, die Richard Leakey bereits in den 1960er Jahren in Äthiopien gefunden hatte (Omo I und II), auf rund 195 000 Jahre datiert werden.

Die Neandertaler waren durch ihre gedrungene Körperform gut an das kalte Klima der Eiszeiten angepasst und ernährten sich hauptsächlich von Fleisch. Von den Cro-Magnons unterscheiden sie sich anatomisch recht deutlich durch einen längeren und flacheren Schädel, einen robusteren Körperbau und andere Merkmale. Die genauen Gründe für ihr Verschwinden vor 30 000–25 000 Jahren sind bis heute umstritten: Es werden klimatische Faktoren genannt, kulturelle Unterlegenheit, niedrigere Lebenserwartung und höherer Energieverbrauch, Vermischung mit oder Verdrängung durch Cro-Magnons. Es gibt keine Zeichen für kriegerische Auseinandersetzungen, aber kaum Zweifel, dass die Cro-Magnons den Neandertalern in technologischer und kultureller Hinsicht überlegen waren. Knochen von Neandertalern werden oft in der Nähe der gröberen Steinwerkzeuge der Moustérien-Kultur gefunden. Die feineren Werkzeuge der Aurignacien-Kultur tauchen dagegen erst mit den Cro-Magnons auf.

Besonderes Interesse hat die Frage hervorgerufen, ob es zwischen Neandertalern und Cro-Magnons zu Genfluss kam und ob heutige Menschen noch Neandertaler-Gene haben. Dies würde voraussetzen, dass es sexuelle Kontakte gab. So wahrscheinlich dies auch sein mag, wenn man von der genetischen Verwandtschaft und der langen Koexistenz ausgeht, sicher wissen würde man es nur unter der Voraussetzung, dass sich gemeinsame Nachkommen nachweisen ließen. Der wichtigste paläontologische Beweis für eine Vermischung – ein vier Jahre alter Junge aus der Zeit von vor 24 500 Jahren, der in Portugal gefunden wurde und eine gemischte Anatomie aufweisen soll – ist umstritten. Auch DNA-Analysen haben bisher kein eindeutiges Ergebnis erbracht. Die mitochondriale DNA von Neandertalern erwies sich als deutlich unterschieden von derjenigen heutiger Menschen, sie weicht jedenfalls stärker ab als zwischen heutigen Populationen. Viele Forscher vermuten deshalb, dass die Neandertaler durch die Cro-Magnons ersetzt wurden, ohne dass es zu mehr als sporadischen Vermischungen kam.

Weitgehende Überstimmung herrscht aber, dass zwei traditionelle Vorstellungen gleichermaßen unzutreffend sind: 1) Die heutigen Europäer haben sich nicht aus den Neandertalern entwickelt, sondern sie stammen ganz überwiegend von Einwanderern ab, die Europa erst vor rund 45 000 Jahren erreichten.

2) Es gab keine rapide Ersetzung von Neandertalern durch Cro-Magnons. Es ist aber sehr wahrscheinlich, dass das Verschwinden der Neandertaler direkt oder indirekt mit der Ankunft der Cro-Magnons in Zusammenhang steht, da dies der einzige neue Faktor war.

Ein neues Modell

Zu welchem Ergebnis haben die wissenschaftlichen Diskussionen über die verschiedenen Modelle zur jüngeren Evolution der Menschen geführt? Es stellte sich heraus, dass der ursprüngliche Mitochondrien-Stammbaum fehlerhaft war, die Grundidee wurde aber durch spätere Studien im Wesentlichen bestätigt. Wichtiger war noch etwas anderes: Mit den Fortschritten der Gentechnik war man bald in der Lage, auch für andere DNA-Abschnitte Stammbäume zu erstellen. Als sehr geeignet erwies sich das Y-Chromosom, da es nur über die väterliche Linie vererbt wird und bei der sexuellen Fortpflanzung zum größten Teil (zu ca. 95 Prozent) nicht durchmischt wird. Langlebige, wiedererkennbare DNA-Abschnitte, die nicht durch sexuelle Rekombination auseinandergebrochen werden, nennt man ‹Haplotypen› (von ‹haploider Genotyp›); sie entsprechen in etwa großen Allelen, d.h. den durch Mutationen veränderten, alternativen Formen eines Gens. Haplotypen findet man nicht nur in Mitochondrien und auf dem Y-Chromosom, sondern auch auf den anderen Chromosomen. Den ursprünglichen, gemeinsamen Haplotypen nennt man den letzten gemeinsamen Vorfahren (MRCA; Most Recent Common Ancestor). Zwei oder mehrere unterschiedliche Allele (bzw. Haplotypen) bei verschiedenen Individuen oder auch bei einem einzigen Individuum haben einen MRCA, d.h. ein ursprüngliches Gen, vom dem sie (mutierte) Kopien sind. Aus der Verteilung und Reihenfolge der Mutationen lassen sich so Stammbäume für bestimmte DNA-Abschnitte (Gene bzw. Haplotypen) erstellen (Carroll 2003; Cavalli-Sforza & Feldman 2003; Dawkins 2005: 38–64).

Den Anfang machte 1987 der berühmte Stammbaum der mitochondrialen DNA, später folgten solche von Abschnitten auf dem Y-Chromosom und verschiedene weitere auf den anderen

Chromosomen. Der Vergleich der verschiedenen Haplotypen-Stammbäume hat das ‹Out of Africa›-Modell teilweise bestätigt, an anderen Punkten musste es aber modifiziert werden. So stellte sich heraus, dass man für verschiedene DNA-Abschnitte unterschiedliche Stammbäume erhält, die sich nicht nur in der Datierung des letzten gemeinsamen Vorfahren (MRCA), sondern auch im geographischen Ausgangsort unterscheiden können. Neben der ‹Eva› der Mitochondrien und dem ‹Adam› des Y-Chromosoms gibt es unzählige weitere MRCAs, d.h. ‹Evas› und ‹Adams›, die zu unterschiedlichen Zeiten und an verschiedenen Orten lebten. Einige reichen sogar über 8 Millionen Jahre, bis in die Zeit der Schimpansen zurück. Das Problem des ‹Out of Africa›-Modells war demzufolge nicht, dass der ursprüngliche Stammbaum falsch war. Der Irrtum bestand darin anzunehmen, dass man die Evolutionsgeschichte der Menschheit durch einen einzigen oder wenige DNA-Abschnitte rekonstruieren kann. Es ist aber notwendig, möglichst viele Gene in Betracht zu ziehen, da unterschiedliche Gene unterschiedliche Geschichten erzählen.

Ein Vergleich mag das verdeutlichen. Nachnamen wurden in unserer Gesellschaft normalerweise über die männliche Linie weitergegeben, ihre Vererbung ähnelt also dem des Y-Chromosoms. Verfolgt man den Weg eines Nachnamens durch die Generationen, so kommt man über den Vater zum Großvater väterlicherseits, dann zum Urgroßvater väterlicherseits usw. Alle anderen Vorfahren und ihre Namen fallen dabei unter den Tisch: Bei den Eltern ist es die Mutter, in der nächsten Generation sind es mit der Großmutter väterlicherseits und beiden Großeltern mütterlicherseits schon drei, in der Urgroßelterngeneration sieben Namen usw. Obwohl es also theoretisch richtig ist, dass jeder von uns von einem Mann abstammt, der vor vielen Generationen als Erster einen bestimmten Nachnamen getragen hat, so ist dies doch nur ein winziger Ausschnitt unserer gesamten Genealogie. Genauso richtig und genauso vergleichsweise unwichtig für die Evolution der Menschheit ist es, dass die Mitochondrien aller heutigen Menschen auf eine afrikanische Frau zurückgehen, die vor rund 200 000 Jahren lebte.

Was lässt sich über die jüngere Evolution der Menschen sagen, wenn man die Stammbäume verschiedener Gen-Abschnitte berücksichtigt? Der Evolutionsbiologe Alan Templeton hat 13 DNA-Stammbäume verglichen (2002). Seine zwei wichtigsten Ergebnisse waren: 1) Afrika hat tatsächlich eine entscheidende Rolle bei der Entstehung des heutigen menschlichen Genpools gespielt. Dies ist auf mindestens drei größere Auswanderungen zurückzuführen. 2) Diese und weitere größere Wanderungsbewegungen, die zu Vermischung und nicht zu Ersetzung führten, wurden überlagert von kontinuierlichem (aber wegen der geographischen Entfernung eingeschränktem) Genfluss zwischen den Populationen. Die Vorfahren der heutigen Menschen scheinen also hauptsächlich in Afrika gelebt zu haben; rund 90 Prozent aller Haplotypen-Stammbäume haben dort ihren Ursprung. Zugleich kam es aber während der gesamten Geschichte der Menschheit zu Vermischungen mit anderen Populationen. Inwieweit die molekularbiologischen und paläontologischen Daten dieses neue Modell tatsächlich bestätigen, ist allerdings noch Gegenstand der Diskussion.

Das evolutionäre Erbe: Fast Food und Othello-Syndrom

«Der Affe, der keine realistische Wahrnehmung des Astes hatte, zu dem er sprang, war bald ein toter Affe – und deshalb wurde er nicht zu einem unserer Vorfahren.» Mit diesem drastischen Beispiel veranschaulichte der Paläontologe George Gaylord Simpson ein allgemeines Prinzip der Biologie – die durchgängige Zweckmäßigkeit der Organismen und ihrer Merkmale (1963: 84). Dies gilt nicht nur für die ‹realistische Wahrnehmung›, sondern für die meisten Eigenschaften, für körperliche Merkmale ebenso wie für Verhaltensweisen, für anatomische Strukturen ebenso wie für physiologische Merkmale.

Eigenschaften wie eine zutreffende Wahrnehmung, die zum

Überleben und/oder Reproduktionserfolg eines Organismus beitragen, nennt man in der Evolutionsbiologie ‹Anpassungen›. Ändert sich die Umwelt, so müssen sich auch die Organismen wandeln, andernfalls werden sie aussterben. Sie können sich aber nicht beliebig verändern, so vorteilhaft das vielleicht wäre, sondern die früheren Anpassungen begrenzen die Möglichkeiten für die weitere Entwicklung: «Wie Schiffer sind wir, die ihr Schiff auf offener See umbauen müssen, ohne es jemals in einem Dock zerlegen und aus besten Bestandteilen neu errichten zu können» (Neurath 1932/33: 206). Die körperlichen Merkmale und das Verhalten eines Tieres hängen also nicht nur von seiner Lebensweise und seiner Umwelt, sondern auch von seinem evolutionären Erbe ab. Dieses Wissen verdanken wir Charles Darwin.

Darwin war auch der Erste, der eine wissenschaftliche Erklärung dafür geben konnte, *wie* zweckmäßige Eigenschaften entstehen – durch das zu Recht berühmte Prinzip der natürlichen Auslese: «Wegen des Kampfes ums Leben wird jede Variation [...], wenn sie in irgendeinem Grade nützlich für ein Individuum [...] in seinen unendlich komplexen Beziehungen zu anderen Lebewesen und zur äußeren Natur ist, dazu tendieren, dieses Individuum zu erhalten und im Allgemeinen von seinen Nachkommen ererbt werden» (1859: 61). Im Laufe der Generationen werden sich so nützliche Eigenschaften verbreiten, schädliche dagegen werden seltener.

Der Sinn des Lebens

Aus Darwins Grundgedanken entstand schon im 19. Jahrhundert eine Forschungsrichtung, die als anpassungstheoretisches Programm *(adaptationist programme)* bezeichnet wird. Es basiert auf der Annahme, dass es sich *bei jeder beliebigen erblichen Eigenschaft*, die man bei einem Menschen, einem anderen Tier, einer Pflanze, einem Einzeller beobachtet, mit großer Wahrscheinlichkeit um eine Anpassung handelt oder handelte. Mangelnde Anpassung dagegen ist seltener und erklärungsbedürftig, da ihre Träger nicht oder weniger gut überleben und sich fortpflanzen. Vor allem bei energieaufwändigen und komplexen Merkmalen kann man davon ausgehen, dass es sich um Anpassungen handelt, da sie hohen Einsatz erfordern und von Krankheiten oder Entwicklungsstörungen betroffen sein können.

Auch wenn solche indirekten Indizien es sehr wahrscheinlich machen, dass ein Merkmal eine wichtige Funktion für den Organismus erfüllt, so ist es doch manchmal schwierig, diese konkret nachzuweisen. Vorsicht bei evolutionsbiologischen Erklärungen ist insofern geboten, als es mehrere richtige Antworten geben kann. So erleichtert die nackte Haut der Menschen das Schwitzen, stellt einen gewissen Schutz gegen Hautparasiten dar und dient zugleich als sexuelles Signal. Auch ist es oft schwierig, die spezifischen Umweltbedingungen zu rekonstruieren, die zur Entstehung einer Anpassung geführt haben.

Wichtige Hinweise auf die Funktionen eines Merkmals lassen sich mithilfe der vergleichenden Verhaltensforschung gewinnen. Wenn man eine Verhaltensweise bei einer Art, beispielsweise die Fellpflege bei Affen, verstanden hat, kann man analoges Verhalten bei Menschen deuten. Sehr aufschlussreich ist auch der Vergleich mit Individuen, denen eine Eigenschaft fehlt. Will man beispielsweise wissen, ob Schmerz eine Anpassung ist, so kann man die Lebenserwartung und den Fortpflanzungserfolg von Individuen untersuchen, die keinen Schmerz empfinden. Diese genetische Erkrankung kommt sehr selten vor, und Menschen, die unter ihr leiden, sterben meist vor dem dreißigsten Lebensjahr. Schmerzen, Angst und andere Formen von Unwohlsein sind Schutzmechanismen. Sie sind Signale, die davor warnen, sich in Gefahr zu bringen oder zu schädigen. Angenehme Gefühle, Zufriedenheit und Lust auf der anderen Seite sind Signale, die mit Verhaltensweisen verknüpft sind, die für das Überleben oder die Fortpflanzung nützlich sind.

Das Lust-Unlust-Prinzip stellt den grundlegenden Mechanismus dar, der ein Tier dazu motiviert, sich im Sinne der Verbreitung der eigenen Gene richtig zu verhalten. Es ist also eine klassische Anpassung. Je nach Dringlichkeit ist die Leine manchmal kürzer, manchmal länger. Wie kurz und unerbittlich sie sein kann, zeigt sich beispielsweise beim Atmen, das man selbst bei größter Willensanstrengung nur für wenige Minuten unterdrücken kann. Deutlich länger ist die Leine der Evolution beim Hunger, noch etwas länger bei sexuellen Bedürfnissen, wobei das Maß der so entstehenden Handlungsfreiheit selbst wieder eine Anpassung darstellt.

Darwins Theorie gibt auch eine Antwort auf die Frage, was der übergeordnete Zweck eines Organismus, der biologische Sinn seines Lebens, ist: Es ist die Fortpflanzung, die möglichst große Verbreitung der *eigenen Gene* (nicht die der Art). Insofern sind Organismen letztlich Maschinen zur Verbreitung ihrer Gene. Da sich ein Individuum aber nur fortpflanzen kann, wenn es überlebt, sind Organismen zudem darauf programmiert, für ihr persönliches Überleben und Wohlergehen zu sorgen. Die beiden grundlegenden biologischen Ziele – Reproduktion und Wohlergehen – geraten aber häufig in Widerspruch, und erfolgreiche Fortpflanzung ist (beispielsweise wegen der gesundheitlichen Belastung und der Gefahren von Schwangerschaft bzw. Trächtigkeit) bei vielen Arten lebensverkürzend. Seit der Erfindung von Verhütungsmitteln haben Menschen als erste Tierart die Möglichkeit, den Lustgewinn aus der Sexualität (der sich wesentlich aus ihrem reproduktiven Nutzen erklärt) und gleichzeitig denjenigen aus dem individuellen Wohlergehen zu genießen, ohne die Nachteile der Reproduktion in Kauf nehmen zu müssen. Insofern ist die freiwillige Reduktion der Kinderzahl oder sogar der Verzicht auf Nachkommen bei heutigen Menschen eine biologisch leicht erklärbare natürliche Verhaltensweise.

Fehlernährung und Übergewicht

Dem anpassungstheoretischen Programm zufolge ist zu erwarten, dass auch das Essverhalten relativ eng kontrolliert wird, da Energiezufuhr zu den wichtigsten Notwendigkeiten des Überlebens gehört. Hungergefühl und Zufriedenheit beim Essen sind die Anreize, um überhaupt Nahrung zu suchen und aufzunehmen. *Was* ein Tier fressen muss, hängt von seiner Verdauungsphysiologie ab. An Aussehen, Geruch und Geschmack kann es die verschiedenen Nahrungstypen unterscheiden und an den einprogrammierten Gefühlen von Appetit, Desinteresse oder Ekel erkennen, ob es sich um die richtigen Dinge handelt. Haustierbesitzer wissen, dass man Meerschweinchen mit Heu und Körnern begeistern kann, dass man Katzen aber etwas anderes – am besten rohes Fleisch – bieten sollte.

Wenn dem so ist, warum sind dann bei heutigen Menschen Essstörungen so häufig? Warum essen sie unter den Bedingungen der Zivilisation zu viel Fett, Zucker und Salz? Warum essen sie überhaupt zu viel? Fehlernährung und Übergewicht sind bekanntermaßen schädlich für das Überleben und erhöhen auch den Fortpflanzungserfolg meist nicht. Eine konventionelle Erklärung vermutet, dass die Menschen beim Essen ihre natürlichen Instinkte (d.h. Anpassungen) verloren haben. Evolutionsbiologisch betrachtet ist diese Erklärung aber mit Sicherheit falsch. Wenn es sich beim Essverhalten um eine genetisch determinierte Anpassung handelt, dann kann sie sich nur über den normalen Evolutionsmechanismus aus Mutation, Rekombination und Selektion ändern. Bis sich eine oder mehrere Mutationen in einer Population durchgesetzt haben, vergehen aber normalerweise viele Generationen.

Es spricht vielmehr alles dafür, dass die Menschen ihre natürlichen Anpassungen noch besitzen, dass diese aber durch die Veränderung der Umweltbedingungen zu Fehlanpassungen wurden. Menschen gibt es seit etwa 2 Millionen Jahren, Ackerbau und Viehzucht als potenzielle Quellen ständigen Nahrungsüberschusses aber erst seit 10000 Jahren. Das heißt, während 99,5 Prozent ihrer Evolution haben die Menschen ihre Nahrung als Jäger und Sammler beschafft. Ihre Ernährung war vielfältiger und weniger von Vitamin-, Mineralien- oder Proteinmangelerscheinungen geprägt, als das in den späteren Ackerbaukulturen oft der Fall war. Die Kalorienzufuhr war aber weniger konstant, und vor allem Fette, Zucker und Salz waren rar. In dieser Situation war es sinnvoll, von diesen Stoffen so viel wie möglich zu sich zu nehmen, solange diese verfügbar waren. Ebenso angebracht war es, sich bei Nahrungsüberfluss – beispielsweise nach erfolgreicher Jagd – den Magen so weit wie möglich zu füllen, wie das andere fleischfressende Raubtiere auch tun. Für Kinder, deren Energiebedarf in der Wachstumsphase besonders hoch ist, gilt das natürlich im Speziellen. Kinder lieben fettige und salzige Pommes frites, am besten schmecken sie ihnen mit süßem Ketchup, weil ihnen ihr Geschmack sagt, dass dies die richtige Nahrung ist. Fast-Food-Ketten sind so erfolgreich, weil sie die natürlichen (Jäger- und Sammler-)Instinkte ihrer Kunden bedienen. Das Problem ist nur, dass sich unsere Umwelt verändert hat, und Anpassungen, darauf hat schon Darwin hingewiesen, sind nur in einer bestimmten Umwelt sinnvoll (Nesse & Williams 1995).

Das Othello-Syndrom

Das Essverhalten moderner Menschen ist ein instruktives Beispiel dafür, dass nicht alle Verhaltensweisen eines Organismus für seine biologische Fitness von Vorteil sein müssen. Erklärt werden mangelnde Anpassungen u.a. durch einen Wandel der Umwelt (zu weiteren Ursachen vgl. Mayr 2001: 140–3). Entsprechende Veränderungen, vom Klima bis zur Zusammensetzung der Flora und Fauna eines Gebietes, sind normale und ständig vorkommende Naturereignisse. Dass es in solchen Fällen oft nicht schnell genug zu neuen Anpassungen kommt, beweist die große Zahl ausgestorbener Arten. Die Menschen sind in dieser Hinsicht nur insofern ungewöhnlich, als sie selbst die Hauptursache der Umweltveränderungen sind, an die sie (und viele andere Organismen) jetzt fehlangepasst sind. Im Gegensatz zu vielen Tieren könnten Menschen aber lernen, Verhaltensweisen, die sich unter den Bedingungen der Zivilisation als schädlich erweisen oder dem Wohlergehen des Individuums entgegenstehen, zu modifizieren oder abzuschwächen. Beobachten lässt sich allerdings oft das Gegenteil – eine kulturelle Verstärkung der Fehlanpassungen.

Sexuelle Eifersucht beispielsweise gibt es in allen Kulturen, und analoges Verhalten findet sich auch bei anderen Säugetieren. Shakespeares *Othello* ist der vielleicht berühmteste, aber nur einer unter vielen literarischen Versuchen, ihre Macht zu dokumentieren und ihre Motive zu ergründen. Es ist wahrscheinlich noch untertrieben zu sagen, dass Eifersucht in 90 Prozent aller Opern eines der Hauptthemen ist. Definiert ist sie als leidenschaftliches Streben, einen Sexualpartner ausschließlich zu besitzen, was oft mit Aggression sowohl möglichen Konkurrenten als auch dem begehrten Partner gegenüber einhergeht.

Der biologische Sinn dieses Verhaltens ist offensichtlich: Neben den Anpassungen, die das Überleben des Individuums sichern, sind solche, die auf die Reproduktion zielen, absolut zentral. Betrachtet man die konkreten Ausformungen, die sexuelle Eifersucht in den verschiedenen Kulturen (und Tierarten) annimmt, so findet sich eine erstaunliche Bandbreite. Auf der einen Seite kann man kunstvolles Werbeverhalten beobachten; hierher gehört der weite Bereich der Anlockung und Verführung. Eifersucht kann aber auch weniger positive kulturelle Formen annehmen. Das Spektrum reicht hier vom Bekleidungszwang über Einkerkerung bis hin zu Mord und entsetzlichen millionenfachen Verstümmelungen. Welchen Sinn als den der sexuellen Eifersucht soll das in afrikanischen Ländern verbreitete Verstümmeln der Klitoris und das Zunähen der Vagina, die erst vom Ehemann wieder geöffnet werden darf, haben?

Ein weit verbreitetes Menschenbild will es, dass die biologische Komponente des Verhaltens eher negativ gesehen wird, der kulturelle, d. h. erlernte Anteil dagegen als positiv. Die Kultur hätte demzufolge die Aufgabe, die als schädlich bewerteten aggressiven, sexuellen oder anderen Triebe der Menschen unter Kontrolle zu bringen. In einigen Fällen wird man dem zustimmen können, wie bei der Vorliebe für fette und süße Speisen. Die Beispiele für erlernte Ausformungen der Eifersucht haben aber deutlich gemacht, dass eine generelle Wertschätzung kultureller Traditionen nicht angebracht ist. Ganz im Gegenteil: In vielen Fällen wäre ein Kulturverlust mit einem deutlichen Zuwachs an Humanität verbunden.

Machiavelli und Leonardo da Vinci: Intelligenz als Anpassung

Fragt man nach dem einen Merkmal, das uns am deutlichsten von anderen Tieren unterscheidet, so werden die meisten Menschen die geistigen Fähigkeiten nennen. Ausdauerndes Laufen auf zwei Beinen, Nacktheit und die Fähigkeit zu schwitzen, lange Kindheit oder andere Eigenheiten in Körperbau, Physiologie und Verhalten sind aufschlussreich und wichtig – in der allgemeinen Wertschätzung treten sie aber hinter der Intelligenz zurück, durch die Sprache und Kultur, Wissenschaft und Kunst erst möglich werden. Der Selektionsvorteil, den man der überlegenen Intelligenz der Menschen zuschreiben kann, ist in der Tat so eindeutig, dass man umgekehrt fragen muss, warum sich dieses Merkmal nicht auch bei anderen Tieren entwickelt hat. Die Evolution der Menschen folgte, so scheint es, unausgesprochen dem berühmten Motto des Renaissance-Gelehrten Francis Bacon: «Denn Wissen selbst ist Macht» (1597).

Die Einzigartigkeit der menschlichen Intelligenz macht die Aufgabe für die Evolutionsbiologie interessant und reizvoll, sie ändert aber nichts an der grundsätzlichen Herangehensweise. Wie bei jedem anderen Merkmal geht es darum zu zeigen, unter welchen Umweltbedingungen verbesserte kognitive Fähigkeiten einen Selektionsvorteil bieten. Um diese Frage beantworten zu können, definiert man ‹Intelligenz› möglichst grundlegend, ohne den Begriff schon im Vorfeld auf spezielle menschliche Eigenschaften einzuengen: Als ‹Intelligenz› werden die allgemeinen Fähigkeiten zur Informationsverarbeitung bezeichnet, die nicht nur Menschen, sondern auch anderen Organismen zukommen.

Obwohl kein Zweifel am gegenwärtigen Nutzen der Intelligenz für die Menschen besteht, ist es unter Evolutionsbiologen umstritten, worin genau der Vorteil der Verbesserung der geistigen Fähigkeiten während der Evolution bestand. Wie bei anderen Merkmalen muss auch hier der reproduktive Nutzen die Kosten übersteigen, und Letztere sind für ein energieaufwändiges Organ wie das Gehirn beträchtlich. Weitere Nachteile eines vergrößerten Gehirns wie das erhöhte Risiko für Mutter und Kind bei der Geburt kommen hinzu.

Unerlässlich für das Überleben eines Organismus ist ein Gehirn jedenfalls nicht. Einzeller, Pflanzen und niedere Tiere kommen auch sehr gut ohne es aus. Vergleicht man die Lebensweise von Organismen mit und ohne Gehirn, so sieht man, dass sein Vorkommen an die Fähigkeit zu relativ schnellen Bewegungen gekoppelt ist. Auch Pflanzen bewegen sich, aber um Größenordnungen langsamer als Tiere. Tiere wiederum führen ihre raschen Bewegungen mit Hilfe von Muskeln aus. Da Muskelbewegungen aber nur sinnvoll eingesetzt werden können, wenn sie einen Bezug zur äußeren Welt haben, mussten Sinnesorgane entstehen. Das Gehirn bildet die Schnittstelle, an der ankommende Reize der Außenwelt in Befehle zur Betätigung der Muskeln, in Verhalten, umgewandelt werden. Vermittelt werden die Reize und Befehle durch jeweils spezialisierte Leitungstypen: sensorische Nerven, die Außenreize an das Gehirn weiterleiten, und motorische Nerven, mit deren Hilfe die Muskeln gesteuert werden.

Einen entscheidenden Fortschritt stellte die Entstehung des Gedächtnisses dar. Auf diese Weise lässt sich die Muskelbewegung nicht nur von gegenwärtigen Reizen, sondern auch von Vorgängen der Vergangenheit beeinflussen. Ein Tier kann nun bestimmte Situationen gezielt vermeiden oder aufsuchen, die sich bei früheren Gelegenheiten als vorteilhaft oder schädlich erwiesen haben. Damit ist die Grundlage für Lernverhalten gelegt. Ebenso wichtig, aber ungleich schwieriger ist es, zukünftige Ereignisse zu berücksichtigen. In der modernen Welt wird dies durch Simulationen erreicht, bei denen am Beispiel eines vereinfachten Modells der Realität verschiedene Aktionen und Reaktionen durchgespielt werden. Genau denselben Lösungsweg scheint die Evolution des Gehirns mit der Entstehung des Denkens eingeschlagen zu haben. Denn was ist Denken anderes als Simulation, als «probeweises Handeln mit kleinen Energiemengen, ähnlich wie die Verschiebungen kleiner Figuren auf der Landkarte, ehe der Feldherr seine Truppenmassen in Bewegung setzt» (Freud *GW* 15 [1933]: 96)? Jedenfalls haben Individuen, die in der Lage sind – wenn auch unvollständig und fehlerhaft, aber einigermaßen realistisch –, zukünftige Ereignisse zu simulieren und ihre Eintrittswahrscheinlichkeit abzuschätzen, einen Vorteil gegenüber solchen, die jedes Mal wieder mit Versuch und Irrtum arbeiten müssen. Auf diese Weise ist auch die Entstehung des Selbstbewusstsein zu erklären: Die Simulation einer Situation wird ja nur dann vollständig sein, wenn sie auch ein Modell des denkenden Individuums selbst beinhaltet.

Schädelmessungen

Die allgemeinen evolutionsbiologischen Überlegungen zur Funktion des Gehirns werden durch vergleichende Untersuchungen an verschiedenen Tiergruppen sowie durch hirnphysiologische Arbeiten bestätigt. Sie lassen sich aber nicht einfach in die Paläoanthropologie übertragen: Die Gehirne der Vorfahren heutiger Menschen haben sich nicht erhalten, sondern im besten Falle findet man die Schädelknochen, die sie eingeschlossen haben. Man steht also vor dem Problem, von Schädelknochen auf die materiellen Eigenschaften der Gehirne und von diesen wiederum auf Intelligenz schließen zu müssen.

Die Paläoanthropologie nimmt an, dass dies möglich ist, wenn man die Gehirngröße als Parameter verwendet, um die geistigen Fähigkeiten von verschiedenen Arten und über lange Zeiträume hinweg zu vergleichen. In erster Näherung scheint dies auch recht gut zu funktionieren: Das Gehirn eines heutigen Menschen hat eine durchschnittliche Größe von 1400 Kubikzentimetern (ccm), das eines Schimpansen kommt auf knapp ein Drittel davon (400 ccm). Die Daten der fossilen Homininen liegen zwischen diesen beiden Punkten: Die Gehirne der Australopithecinen umfassten weniger als 600 ccm, diejenigen von *H. erectus* zwischen 800 und 1200 ccm. Die Größe scheint also ein idealer Indikator für die Evolution der Intelligenz zu sein.

Die einfache Korrelation von Gehirngröße und Intelligenz

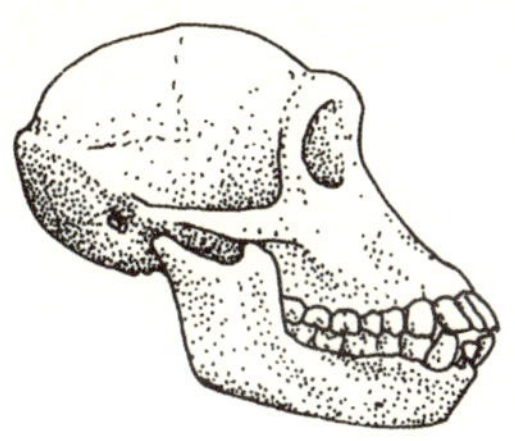
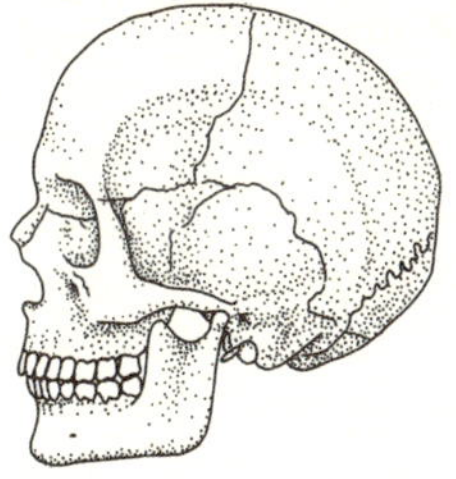

Abb. 12: Vergleich der Schädel von Schimpansen und Menschen

funktioniert aber auch als erste Annäherung nur, weil Menschenaffen, Australopithecinen und Menschen ein vergleichbares Körpergewicht haben. Weil große Tiere eher große Gehirne, und umgekehrt, haben, ist die absolute Gehirngröße wenig aussagekräftig, wenn man Arten mit unterschiedlicher Körpergröße vergleicht. Aber auch die prozentuale Gehirngröße ist irreführend, da die Gehirne nicht proportional zum Körpergewicht zunehmen. Große Tiere haben absolut größere, aber relativ kleinere Gehirne; man spricht in diesem Zusammenhang von allometrischem Wachstum.

Um die Gehirngröße als Parameter für die tatsächlich beobachtete Intelligenz einer Tierart nutzen zu können, ist es notwendig, die Auswirkungen der Körpergröße durch verschiedene Berechnungsmethoden zu eliminieren (Foley 2000: 113–7; Martin 1995). Man erhält so einen Durchschnittswert (beispielsweise für Säugetiere), den man mit der tatsächlichen Gehirngröße eines Tieres vergleichen kann. Die Werte, die sich auf diese Weise ergeben, entsprechen recht gut den allgemeinen Erwartungen aufgrund von vergleichenden Verhaltensstudien. So haben Primaten generell große Gehirne, was die Annahme bestätigt, dass es sich um intelligente Tiere handelt. Gorillas haben 1,6-, Schimpansen 2,4- und Menschen 7-mal größere Gehirne, als das bei einem durchschnittlichen Säugetier ihres Körpergewichts zu erwarten wäre. Bei ausgestorbenen Homininen ist diese Berechnung allerdings mit Unsicherheiten behaftet, da sowohl Gehirnals auch Körpergröße aus den wenigen Knochenfunden nur annäherungsweise zu ermitteln sind. Aufgrund von entsprechenden Schätzungen kommt man für Australopithecinen auf Werte von 2,2 bis 2,9. Bei frühen Vertretern der Gattung *Homo* steigen die Werte dann auf vier und erst in den letzten einigen hunderttausend Jahren erreichen sie schließlich die Größenordnung der heutigen Menschen.

Menschen haben das größte Gehirn unter allen Tieren, wenn man Körpergröße und allometrische Faktoren berücksichtigt, und das höchste Verhältnis von Neocortex zu Gesamtgehirn. (Beim Neocortex handelt es sich um den überwiegenden Teil der Großhirnrinde, der für die komplexeren Formen der Informationsverarbeitung zuständig ist.) Die Werte, die man mit den verschiedenen Berechnungsmethoden erhält, liegen aber in der Größenordnung, die auch andere Tiere mit erhöhter Intelligenz – einige Primaten, Elefanten oder Delfine – zeigen. Ebenso stimmt die menschliche Großhirnrinde in Bau, Dichte und Verknüpfung der Nervenzellen mit dem der meisten anderen Säugetiere überein (Roth 1994: 53–64).

Das menschliche Gehirn ist ein Produkt der Evolution und seine Vergrößerung eine Anpassung – anders ist das bei einem so energieaufwändigen und komplexen Organ nicht zu erklären. Gemäß dem evolutionären Kosten-Nutzen-Modell entwickelten die intelligenteren Tiere – unter ihnen die Menschen – große Gehirne, weil sie ihnen Vorteile brachten. Worin aber bestand der konkrete Nutzen der Intelligenz für die Vorfahren heutiger Menschen?

Leonardo'sche Intelligenz

Die erste Antwort auf diese Frage hat eine lange Tradition und wurde schon von den Anthropologen des 18. Jahrhunderts vorgedacht: Menschen benötigen ihre Intelligenz, um unter widrigen äußeren Bedingungen überleben zu können. Da es hierbei um räumliche Orientierung und Bewegung, um Geschicklichkeit bei der Nahrungssuche und Jagd sowie um Erfindungsreichtum im Werkzeuggebrauch geht, werde ich von technischer oder Leonardo'scher Intelligenz sprechen. Leonardo da Vinci ist ja nicht nur als Maler, sondern auch wegen seiner anatomischen und physikalischen Forschungen sowie als Konstrukteur mechanischer Maschinen berühmt. Er ist der Prototyp des Naturforschers und Technikers, dessen Ziel die Erkenntnis und Beherrschung der äußeren Natur ist.

Die Nahrungssuche gehört neben dem Schutz vor Feinden zu den wichtigsten Notwendigkeiten im Leben eines Tieres. Je nach Ernährungsweise ergeben sich dabei recht unterschiedliche Anforderungen. So ist die Umwelt von Raubtieren tendenziell komplexer als die von Pflanzenfressern. Beutetiere werden fliehen, sich verstecken oder an unterschiedlichen Orten aufhalten, während Pflanzen als Nahrungsquelle deutlich geringere Anforderungen an die Bewegungsfähigkeit stellen. Auch Pflanzen versuchen sich zu schützen, aber sie tun dies mit Giftstoffen, harten Schalen oder Dornen – Schutzmaßnahmen, die durch ein festes Gebiss oder eine geänderte Verdauungsphysiologie zu überwinden sind und nicht unbedingt Intelligenz erfordern. Aber auch pflanzliche Nahrungsquellen können unterschiedliche Anforderungen stellen. So hat man beobachtet, dass Laub fressende Primaten wie Schlank- und Stummelaffen gewöhnlich kleinere Gehirne haben als Meerkatzen und ihre Verwandten, die sich von Früchten ernähren. Erklärt werden diese Unterschiede damit, dass Früchte im Wald schwieriger zu finden und zu erreichen sind als Blätter.

Eine vielfältige Umwelt und schwieriger zu erreichende Nahrungsquellen stellen demnach größere Anforderungen an die Informationsverarbeitung, wodurch leistungsfähigere Gehirne bevorzugt werden. Es gibt in der Tat zahlreiche Hinweise, die einen kausalen Einfluss wahrscheinlich machen: So haben Raubtiere im Durchschnitt größere Gehirne als Pflanzenfresser und allesfressende Schimpansen relativ größere Gehirne als vegetarisch lebende Gorillas, um nur zwei Beispiele zu nennen. Die ökologische Erklärung hat also einiges für sich, sie kann aber nicht die einzige Erklärung sein. So haben Primaten größere Gehirne als Carnivoren – Hunde, Bären, Katzen u. a. –, obwohl sie sich überwiegend von Pflanzen ernähren.

Machiavelli'sche Intelligenz

In den letzten Jahrzehnten hat deshalb eine zweite Erklärung an Zustimmung gewonnen, die Machiavelli'sche Intelligenz-Hypothese. Benannt ist sie nach dem Renaissance-Gelehrten Niccolo Machiavelli, der die Techniken der Machtausübung in und zwischen Staaten analysiert hat (*Il Principe*, 1532). Machiavelli ging es in erster Linie um Macht über Menschen und nicht um Macht über die Natur. In ihrer Grundidee stimmen die technische und die soziale Hypothese überein: Je komplexer die Umwelt eines Tieres ist, desto mehr wird Intelligenz zum Selektionsvorteil. Der Unterschied besteht nur darin, *welcher Aspekt der Umwelt* eines Tieres als Motor für die Vergrößerung des Gehirns identifiziert wird. Die Verfechter der Machiavelli'schen Intelligenz-Hypothese argumentieren, dass der Schutz vor Raubtieren und das Auffinden von Nahrung für Tiere anspruchsvolle, aber überschaubare Probleme darstellen (Byrne & Whiten 1988). Sobald sie gelernt haben, wo es Früchte oder Gefahren gibt, bleibt dies einigermaßen kalkulierbar und erfordert keine besonderen Intelligenzleistungen mehr.

Dies ist nun in der sozialen Umwelt eines Tieres ganz anders. Hier existiert ein kompliziertes Netz von Interaktionen, das deutlich mehr Hirnleistung erfordert, als das Einzelgängern abverlangt wird. Tiere, die in sozialen Verbänden leben, sind mit einer Welt von potenziellen Sexualpartnern, Konkurrenten, Verbündeten und Feinden konfrontiert, die eine ähnliche Intelligenz aufweisen wie sie selbst. Um in einer solchen Umwelt überleben und sich fortpflanzen zu können, müssen soziale Tiere psychologisches Gespür haben. Es wird auf jeden Fall von großem Nutzen für sie sein, wenn sie in der Lage sind, die Handlungen anderer Gruppenmitglieder einzuschätzen und vorauszusehen. Schimpansen und Bonobos haben es in dieser Hinsicht so weit gebracht, dass sie andere Individuen belügen und sich in ihren Gefühlszustand hineinversetzen können (de Waal 1998).

Die Machiavelli'sche Intelligenz-Hypothese behauptet also, dass Auseinandersetzungen innerhalb sozialer Gruppen der wichtigste Antrieb bei der Evolution der geistigen Fähigkeiten

Abb. 13: Je größer die sozialen Gruppen bei verschiedenen Primaten sind, desto höher ist auch der Anteil des Neocortex am Gesamtgehirn (nach Dunbar 2001)

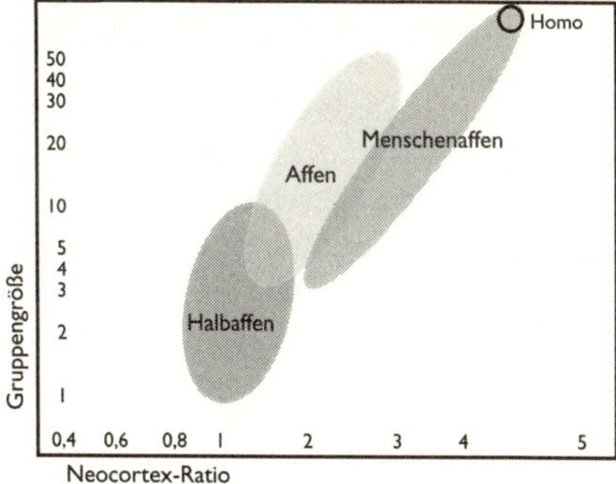

waren, und umgekehrt: Die Hauptaufgabe der Intelligenz besteht in der Lösung sozialer Probleme. Eine besondere Dynamik erhält dieser Prozess, da er vom Wettrüsten innerhalb der Gruppe vorangetrieben wird. Individuen, die das Verhalten der Gruppenmitglieder richtig einschätzen und voraussehen, während sie selbst auch durch Täuschung und Betrug erfolgreich sind, werden einen Selektionsvorteil haben. Dass sich die Intelligenz dann sekundär als nützlich in der Konkurrenz mit anderen Arten oder bei der Nahrungssuche erweist, wäre nicht mehr als ein positiver Nebeneffekt.

Wenn man die Größe einer Gruppe als groben Indikator für soziale Komplexität nimmt und sie mit dem Anteil des Neocortex am gesamten Gehirn vergleicht, so ergibt sich tatsächlich ein deutlicher Zusammenhang. Die Intelligenz eines Tieres begrenzt offensichtlich die maximal erreichbare Gruppengröße. Wird die Gruppe größer, so sind die Individuen nicht mehr in der Lage, die sozialen Beziehungen aufrechtzuerhalten, und die Gruppe zerfällt. Trägt man in diesem Diagramm die Gehirngröße der Menschen ein, so erhält man einen Maximalwert von 150 bis 200 Personen, zu denen ein Individuum soziale Beziehungen aufbauen kann. Dies entspricht der durchschnittlichen Größe sozialer Gruppen bei heutigen Jägern und Sammlern.

Die Intelligenz der Menschen ist also als Anpassung sowohl an technische als auch an soziale Anforderungen entstanden. Lässt sich feststellen, welcher dieser Faktoren von größerer

Bedeutung war? Mathematische Modelle, in denen verschiedene Parameter bei einer großen Zahl von sozial lebenden Primaten analysiert wurden, lassen noch keine eindeutige Interpretation zu. Für einen besonderen Einfluss der sozialen Faktoren spricht aber, dass sie elegante Erklärungen für einige Merkwürdigkeiten des menschlichen Denkens ermöglichen.

Menschen aller Kulturen neigen dazu, Tiere und Pflanzen, Naturvorgänge und Gegenstände als geistige Wesen und als Personen aufzufassen. Die moderne Naturwissenschaft hat die Existenz der Geister sehr eingeschränkt, und Naturvorgänge werden durch die Annahme unpersönlicher physikalischer Kräfte erklärt. Und doch beschimpft man einen Stuhl, an dem man sich gestoßen hat, und fühlt sich von einem Auto oder einem Computer persönlich enttäuscht, wenn sie nicht mehr funktionieren – wenn sie ‹den Geist aufgeben›, wie es umgangssprachlich auch heißt. Am deutlichsten wird diese Denkweise in der ursprünglichen Weltauffassung der Naturvölker, dem Animismus, bei dem die gesamte Natur – Berge, Flüsse, Steine, Gegenstände ebenso wie physikalische Phänomene – mit Geistern belebt und beseelt wird. Blitz und Donner werden so gleichsam zu Hordenmitgliedern, mit denen man spricht, die zu besänftigen sind und die man durch Gaben und Bitten auf die eigene Seite zu ziehen bemüht ist. Im Denken der Menschen gibt es eine starke Tendenz, unpersönliche Naturvorgänge nach dem Vorbild sozialer Beziehungen aufzufassen; es sieht so aus, als werde die Leonardo'sche durch die Machiavelli'sche Intelligenz dominiert.

Hierzu passt eine zweite eigenartige Reaktion. So werden selbst starke Schmerzen und körperliche Verletzungen erstaunlich schnell psychisch verarbeitet und vergessen, wenn diese nicht durch Menschen verursacht wurden. Demütigungen, ja selbst simple Kränkungen, vor allem wenn sie von mächtigeren Gruppenmitgliedern ausgehen, können dagegen ein Leben lang traumatische Auswirkungen haben (Hoevels 2000). Aus evolutionsbiologischer Sicht macht dies Sinn: Auseinandersetzungen in der Gruppe entscheiden über den sozialen Rang, und dies hat weitreichende Konsequenzen für den Reproduktionserfolg.

Fleisch, Feuer und die Entstehung der ersten Menschen

Wenn die Intelligenz einem Tier tatsächlich diese Vorteile verschafft, entweder in der Auseinandersetzung mit der äußeren Umwelt oder in der Gruppe, so sollte man zumindest bei allen sozial lebenden Tieren eine Evolution der Intelligenz ähnlich wie bei Menschen erwarten. Da dies offensichtlich nicht der Fall ist, muss es einen Faktor geben, der die evolutionäre Größenzunahme des Gehirns verhindert. Dieser Faktor sind die damit verbundenen Kosten.

Gehirne sind unter energetischen Gesichtspunkten extrem aufwändig. Obwohl das menschliche Gehirn nur 2 Prozent des Körpergewichts ausmacht, verbraucht es etwa ein Viertel der gesamten Stoffwechselenergie. Bei einem Neugeborenen sind es sogar 60 Prozent. Damit ein Tier ein so kostspieliges Organ überhaupt ausbilden kann, ist eine qualitativ hochstehende, energiereiche Nahrung notwendig. Die maximal erreichbare Gehirngröße wird also durch die verfügbare Energiemenge begrenzt, wobei hier in erster Linie der energetische Input zählt, den der mütterliche Organismus in Schwangerschaft und Stillzeit erbringen kann. Dieser Zusammenhang zwischen Futterqualität und relativer Gehirngröße könnte auch eine Erklärung dafür sein, dass Frucht fressende Affen größere Gehirne haben als Blätter fressende, Schimpansen größere als Gorillas.

Obwohl es also einen steten Selektionsdruck durch technische und soziale Komplexität in Richtung auf größere Gehirne gibt, kann sich dieser nur in einer günstigen Ernährungssituation auswirken, andernfalls werden die Kosten überwiegen, und zusätzliche Investitionen in den Kauapparat oder in Muskeln werden die bessere Lösung sein. Das heißt aber, dass beim Übergang von den noch affenähnlichen Australopithecinen zu *Homo erectus* vor 2,5 bis 1,9 Millionen Jahren, der mit einer Verdoppelung des Gehirnvolumens auf über 1000 ccm einherging, eine neue Nahrungsquelle erschlossen worden sein muss. Dies wird auch durch andere körperliche Veränderungen während dieser entscheidenden Periode nahegelegt: Es kam zu einer Reduktion der Zahn- und Kiefergröße sowie zu einer Verkleinerung des Darms.

Worin bestand die neue Nahrungsquelle? Bis vor kurzem galt die Vergrößerung des Fleischanteils – durch Jagd, Aasfressen oder eine Kombination beider – als plausibelste Erklärung. Fleisch ist ein hochwertiges Nahrungsmittel mit einem großen Energie- und Proteingehalt. Es steht in den meisten afrikanischen Gegenden, in denen die Evolution der Menschen erfolgte, auch während der trockenen Jahreszeit zur Verfügung, wenn die pflanzliche Nahrung seltener ist. Zudem benötigen Fleischfresser einen weniger aufwändigen Verdauungstrakt als Pflanzenfresser, was Einsparungen an dieser Stelle ermöglicht. Und schließlich lässt sich der Zusammenhang zwischen Gehirnwachstum und Fleischkonsum auch durch Fossilfunde belegen. So haben Australopithecinen vor 2,5 Millionen Jahren damit begonnen, Steinsplitter als Messer zu verwenden, um das Fleisch von den Knochen großer Säugetiere wie Antilopen, Nilpferde oder Elefanten zu schaben, und hinterließen dabei bis heute sichtbare Markierungen.

Als alternative Erklärung hat der Anthropologe Richard Wrangham die Zähmung des Feuers und die dadurch mögliche Aufbereitung der Nahrung durch Erhitzen vorgeschlagen (Wrangham 2001). Erhitzte Nahrung ist in jedem Falle leichter zu verdauen als rohe. Seine Hypothese besagt, dass die forcierte Gehirnentwicklung und damit die Menschwerdung möglich wurde, als eine späte Population von noch affenähnlichen Australopithecinen – vielleicht *A. habilis* – lernte, mit Feuer umzugehen. Damit war nicht nur ein zusätzlicher Schutz vor Raubtieren gewonnen, sondern auch eine deutlich bessere Verdaulichkeit der Nahrung. Da das Erhitzen Toxine zerstört, mit denen sich einige Pflanzen gegen Fressfeinde schützen, hätte sich zudem das Nahrungsangebot drastisch erweitert. Auch die allgemeine Reduktion des Verdauungssystems beim Menschen ist so gut zu erklären, problematisch bleibt aber, dass bisher der Gebrauch von Feuer durch Menschen erst seit ca. 800 000 Jahren eindeutig belegt werden konnte (Goren-Inbar 2004).

Es mag eine prosaische Erklärung sein. Aber erst eine neue Nahrungsquelle hat die Vergrößerung des Gehirns und damit die Menschwerdung möglich gemacht. Ob dies die Erhöhung des Fleischanteils, die Zähmung des Feuers oder eine Kombination beider war, lassen die bisherigen Funde noch offen. Die neuen Nahrungsquellen stellten neue Anforderungen an die technische und soziale Intelligenz der frühen Menschen und machten zugleich deren weitere Evolution möglich: Werkzeugherstellung und Jagd, Kontrolle des Feuers sowie die Bewachung und Verteilung des Fleisches intensivierten nicht nur den Selektionsdruck in Richtung auf eine weitere Verbesserung der Intelligenz, sondern veränderten auch das Fortpflanzungssystem und die Sozialstruktur der Menschen.

Sexualität und Strategien der Reproduktion

Im Jahr 1967, als der Verhaltensforscher Desmond Morris die Menschen als ‹nackte Affen› bezeichnete, schwang darin auch etwas von dem befreiten Körpergefühl einer jungen, lebenslustigen Generation mit. An einem anderen Punkt hätte er ihm kaum ferner sein können – denn für Morris waren Menschen nicht nur nackte, sondern vor allem monogame Affen. Das war in zweierlei Hinsicht eine Provokation: Nicht genug, dass er einer überkommenen Auffassung menschlicher Sexualität das Wort zu reden schien, schlimmer noch, er behauptete, dass Menschen in ihrem Verhalten keineswegs frei, sondern weitgehend genetisch determiniert sind. Wenn Darwin und die modernen Evolutionsbiologen Recht haben, dann ist in der Tat zu erwarten, dass sexuelle Verhaltensweisen Anpassungen darstellen, die von der natürlichen Auslese auf maximalen Reproduktionserfolg selektiert wurden. Und man könnte vermuten, dass Begehren, Liebe, Sexualität, Schwangerschaft und Sorge für den Nachwuchs perfekt aufeinander abgestimmt sind. Die Realität sieht anders aus: Das Spektrum der Probleme reicht von unerfüllter Liebe und Partnerschaftskonflikten bis zu quälender Eifersucht, von vorzeitiger Ejakulation über Impotenz bis zu Frigidität, von Schwangerschafts- und Geburtsrisiken bis zu Kindesmisshandlungen. Eine nicht unerhebliche Zahl von Menschen verzichtet sogar völlig auf Reproduktion, sei es, dass sie gleichgeschlechtliche Partner bevorzugen, sei es, dass sie verhüten.

Warum sind Sexualität und Reproduktion so sehr von Leid und Konflikt geprägt? Und warum sind sie so häufig von Störungen betroffen? Letzteres – mangelnde Perfektion der Anpassung – ist auf Design-Kompromisse oder sich widersprechende Selektionsrichtungen zurückzuführen. Das Maß der Unlust – und nicht zu vergessen: der Lust – wiederum ist ein Hinweis auf die biologische Bedeutung eines Verhaltens. Insofern ist es nicht verwunderlich, dass sich bei kaum einem anderen Aspekt menschlichen Verhaltens persönliche und gesellschaftliche Erwartungen und Befürchtungen so sehr in den Vordergrund drängen wie bei Fragen der Sexualität und Fortpflanzung. Keine soziale Gruppe und keine Religion verzichtet hier auf Einflussnahme: Manche sexuellen Neigungen werden von frühester Jugend an gefördert, andere reglementiert oder unterdrückt, so dass man vermuten könnte, dass kulturelle (d.h. erlernte) Verhaltensweisen die biologischen Grundstrukturen bis zur Unkenntlichkeit überlagert oder ins Gegenteil verkehrt haben.

Lässt sich trotz alledem bei Menschen eine genetisch determinierte Präferenz für ein bestimmtes Paarungssystem nachweisen, wie das Morris behauptet? Und wenn ja: Neigen Menschen eher zur Monogamie (dauerhafte Paarbindung), zur Polygamie (dauerhafte Bindung eines Individuums an mehrere Partner) oder zur Promiskuität (wechselnder Geschlechtsverkehr ohne längere Bindung)? Es gehört zu den erstaunlichsten Erfolgen der Evolutionsbiologie, dass sie diese Fragen beantworten kann, indem sie körperliche Eigenschaften der Menschen mit den entsprechenden Merkmalen anderer Tierarten vergleicht und daraus auf Verhaltensdispositionen schließt. Bei diesem Vergleich kann man erstens nach Übereinstimmungen mit Arten suchen, die mit Menschen genetisch verwandt sind. So lässt sich beispielsweise aus der Tatsache, dass alle heutigen Menschenaffen (abgesehen von Menschen) Anpassungen an das Leben im Regenwald haben, folgern, dass dies auch der Lebensraum und die Lebensweise der Vorfahren der Menschen waren. Diese

Methode ist sehr nützlich, sie eignet sich aber nur für Merkmale, die in einer Verwandtschaftsgruppe verbreitet sind. Für die spezifische Fragestellung der Paarungssysteme ist das aber nicht der Fall: Gorillas und Orang-Utans leben polygam, Gibbons als monogame Paare und Schimpansen in promiskuitiven Gruppen.

Alternativ dazu geht man nicht von der genetischen Verwandtschaft, sondern von der gemeinsamen Umwelt und Lebensweise aus. So wurden Graugänse, Paviane oder Löwen als geeignete Modelle propagiert. Bei Löwen beispielsweise waren die Gemeinsamkeiten durch ähnliches soziales Jagdverhalten gegeben, bei Pavianen durch den gemeinsamen Lebensraum der Savanne, bei Graugänsen durch analoge Erfordernisse der Brutpflege. Dabei unterstellte man, dass die für eine Tierart typischen Verhaltensweisen von einer oder wenigen ökologischen Variablen bestimmt werden. Die einfachen analogen Modelle können aber irreführend sein, da ein gemeinsames Verhaltensmerkmal (z. B. die Jagdstrategie) keine Garantie ist, dass die Arten sich auch in anderer Hinsicht (etwa in Bezug auf das Paarungssystem) ähnlich verhalten.

Die dritte Methode besteht darin, möglichst viele verschiedene Arten zu vergleichen, um festzustellen, ob bestimmte Verhaltensweisen mit körperlichen Eigenschaften korreliert vorkommen. Bei *qualitativen Merkmalen* hat sich diese Methode seit langem bewährt. Es gehört zum biologischen Grundwissen, dass Anatomie und Physiologie einer Tierart ihr Verhaltensrepertoire begrenzen. Bei Menschen beispielsweise ist die natürliche Fortbewegungsweise das Laufen auf zwei Beinen. Fliegen und unterirdisches Graben gehören definitiv nicht dazu, Schwimmen und Klettern dagegen können sie lernen, und einige Individuen erreichen darin erstaunliche Leistungen. Ähnlich wird das Sexualverhalten der Menschen in vielen Details durch ihre Säugetieranatomie bestimmt, was beispielsweise die Befruchtung außerhalb des Körpers wie etwa bei Fischen ohne technische Hilfsmittel ausschließt. Dies gilt auch für spezielle Charakteristika der Reproduktion wie die Zahl der Nachkommen, das Alter bei der ersten Reproduktion, die zeitlichen Abstände zwischen den Schwangerschaften und die Lebensdauer.

Durch den Vergleich einer großen Zahl unterschiedlicher Arten lassen sich auch Korrelationen zwischen Verhaltensweisen und *quantitativen körperlichen Unterschieden* feststellen. Die Aussagekraft der statistischen Modelle hängt davon ab, ob zwischen den Variablen eine Ursache-Wirkungs-Beziehung besteht. Für die Sexualität der Menschen scheint dies der Fall zu sein – es gibt quantitative körperliche Merkmale, für die sich Korrelationen mit bestimmten Paarungssystemen aufzeigen und kausal erklären lassen.

Warum Sexualität?

Auf den ersten Blick ist sexuelle Reproduktion eine wenig effektive und störungsanfällige Art der Vermehrung. Um einen geeigneten Partner zu finden und von sich zu überzeugen, müssen Tiere oft beträchtliche Energie aufwenden und große Risiken in Kauf nehmen. Ist dies gelungen, muss die Rekombination der beiden Genome weitgehend fehlerfrei erfolgen, ohne dass es eine Gewähr dafür gibt, dass die Nachkommen eine günstige Mischung an Genen aufweisen. Asexuelle Fortpflanzung dagegen – die einfache Strategie des Kopierens und Teilens – ist weniger aufwändig und kurzfristig auch deutlich effektiver. Viele Arten kommen gut mit ihr zurecht, indem sie sich wie Einzeller teilen, wie Pflanzen Ableger bilden oder wie manche Tierarten (z.B. einige Rennechsen) nur aus Weibchen bestehen, deren Eizellen sich ohne Befruchtung entwickeln können. Durch asexuelle Reproduktion kommt es zur identischen Verdopplung, indem die Mutterpflanze bzw. das Weibchen ‹eineiige Zwillinge› (Klone) von sich selbst produziert. Dadurch geben sie 100 Prozent der eigenen Gene an die Nachkommen weiter, statt nur 50 Prozent wie bei sexueller Reproduktion. Zudem können sie sich mit doppelter Geschwindigkeit vermehren, da sie auf die Produktion von Männchen verzichten, die selbst keine Nachkommen austragen. Und doch ist Sexualität die dominante Form der Reproduktion bei vielzelligen Organismen (Gould et al. 1989).

Der Vorteil der sexuellen Reproduktion besteht höchstwahrscheinlich darin, dass das genetische Material durch die zufällige Verteilung väterlicher bzw. mütterlicher Chromosomen auf die Nachkommen sowie durch den genetischen Austausch zwischen (homologen) Chromosomen *(crossing-over)* durchmischt wird. Dadurch haben die Nachkommen jeweils neue, einzigartige Mischungen von Genen. Sexualität ist wie eine genetische Lotterie, die in jeder Generation Gewinner und Verlierer produziert, da durch die Rekombination gute von schlechten Genen getrennt werden. Manche Individuen haben deshalb geringere Überlebens- und Reproduktionschancen, wodurch schädliche Mutationen entfernt werden. Andere Gen-Kombinationen weisen eine höhere Fitness auf und verbreiten sich. Und schließlich bringt die Durchmischung eine höhere Flexibilität mit sich, wodurch die Anpassung an neue Umweltbedingungen, Krankheitserreger und Parasiten erleichtert wird. Bei asexueller Reproduktion erben die Nachkommen dagegen alle – gute wie schlechte – Gene und zu Veränderungen kommt es nur durch Mutationen.

Kampf und Kooperation der Geschlechter

Die sexuelle Reproduktion hat bei allen höheren Pflanzen und Tieren noch ein weiteres typisches Merkmal, die Ausbildung zweier unterschiedlicher Geschlechtszellen (Gameten) – große, nährstoffreiche Eizellen und kleine, bewegliche Samenzellen. Diese Differenzierung ist eine Anpassung an zwei Probleme der Sexualität: Zum einen müssen die Gameten ausreichend Energiereserven haben, damit der Embryo sich entwickeln kann, zum anderen müssen sie zueinander finden. Bei Säugetieren hat die Differenzierung zwischen Ei- und Samenzelle zur weitergehenden Arbeitsteilung zwischen Männchen und Weibchen geführt. Dabei stellen die Weibchen nicht nur die nährstoffreichere Eizelle zur Verfügung, sondern ernähren und schützen den Embryo zudem während der Schwangerschaft. Das Weibchen muss also einen vergleichsweise großen Aufwand an Zeit und Kalorien in das Junge tätigen, während das Männchen mit der minimalen Investition von wenigen Minuten und einem einzigen Ejakulat erfolgreich sein kann. Zudem ist die Zahl der Jungen für ein Weibchen begrenzt, während es bei Männchen ein Vielfaches sein kann. Andererseits weiß das Weibchen, dass es ihr Nachwuchs ist, während sich das Männchen darüber kaum völlig sicher sein kann. Als Folge dieser Asymmetrien entstanden unterschiedliche Strategien, die Männchen und Weibchen zur Optimierung ihrer reproduktiven Fitness verfolgen.

Soziale Monogamie, bei der die Eltern kooperieren, ist im Tierreich relativ weit verbreitet, bei Säugetieren sind es bis zu 10 Prozent der Arten. Dieses Paarungssystem tritt vor allem in Verbindung mit ökologischen Bedingungen auf, unter denen die Weibchen ohne Hilfe keine realistische Chance haben, den Nachwuchs aufzuziehen. Dies ist wahrscheinlich der Grund, warum Menschen im Gegensatz zu den meisten anderen Primaten langfristige Paarbindungen eingehen. Kinder benötigen über viele Jahre Schutz, Nahrung und Aufmerksamkeit, was in einer natürlichen Umgebung von einem Elternteil allein nicht bewältigt werden kann. Theoretisch kann und wird dies auch von Verwandten – Großeltern oder Geschwistern – geleistet, aber der Anteil der Männer scheint so wichtig gewesen zu sein, dass bei Menschen die soziale Monogamie evolutionär gefördert wurde.

Für Frauen erwies es sich als sinnvolle Strategie, einen Mann zu suchen, der neben guten Genen genügend Ressourcen zur Verfügung hat und diese nicht in andere Frauen investiert. Die Strategie der Männer konnte ähnlich aussehen, indem sie eine Frau suchten, die fruchtbar und bereit war, Kinder aufzuziehen. Da die körperlichen Voraussetzungen aber nicht identisch sind, stehen bei der Partnerwahl unterschiedliche Schwerpunkte im Vordergrund: Frauen legen mehr Wert auf dauerhaften Zugang zu Ressourcen, Männer auf Sicherheit in Bezug auf Vaterschaft. Vorausgesetzt, dass es sich um die gemeinsamen Kinder handelt, sollten die Interessenkonflikte zwischen den Eltern aber eigentlich gering sein.

Genetische Studien an einer Vielzahl von Arten – von Vögeln über Nagetiere bis zu Gibbons und Menschen – haben dieses idyllische Bild relativiert (*Science* 1998). Es stellte sich heraus, dass ein nicht unbeträchtlicher Teil des Nachwuchses bei scheinbar eng verbundenen Elternpaaren von anderen Männchen stammt. Bei Menschen schätzt man, dass etwa 10 Prozent der Kinder nicht von ihrem sozialen Vater sind. Warum Tiere in Paaren leben, lässt sich mit den Erfordernissen der Brutpflege erklären. Warum aber sind sexuelle Kontakte mit Dritten so häufig? Das allgemeine Vorkommen dieses Verhaltens spricht dafür, dass es sowohl für Männchen als auch für Weibchen evolutionäre Vorteile hat. Das Verhalten der Männchen ist leicht zu erklären: Sie versuchen, ihre Gene an so viele Nachkommen wie möglich weiterzugeben. Ein Weibchen befruchten und es dann verlassen kann eine effektive Strategie sein, und entsprechend verbreitet ist sie bei Säugetieren. Warum aber gibt es weibliche Promiskuität?

Cosi fan tutte?

Die sexuelle Treue der Frauen und ihr Gegenstück sind unerschöpfliche Themen der Phantasie und der Kunst: «Welche Rasse von Tieren sind eure Schönen?», fragt der lebenserfahrene Don Alfonso seine beiden verliebten Freunde in Mozarts *Cosi fan tutte* und spottet: «Die Treue der Frauen ist wie der arabische Phönix: Dass es ihn gibt, behauptet jeder; wo er ist, weiß keiner.» In der Oper bekommt Don Alfonso Recht – und in der Wirklichkeit? Die Evolutionsbiologie hat diesen uralten Streit entschieden, zwar nur statistisch, aber immerhin: Anhand eines messbaren körperlichen Merkmals lässt sich belegen, dass Frauen in der Evolution deutlich wählerischer waren als Schimpansenweibchen, zugleich waren sie aber Seitensprüngen nicht abgeneigt.

Warum gibt es weibliche Promiskuität überhaupt? Drei Vorteile werden genannt: 1) Weibchen können eine größere genetische Variabilität ihrer Jungen erreichen, wenn diese von verschiedenen Vätern stammen. 2) Sie können versuchen, nicht nur andere, sondern bessere Gene für ihre Nachkommen zu erhalten, indem sie sich mit besonders attraktiven Männchen paaren, die nicht als soziale Partner in Frage kommen, weil sie beispielsweise bereits eine andere Bindung eingegangen oder nicht dazu bereit sind. 3) Bei einigen Primatenarten (beispielsweise Schimpansen) paaren sich die Weibchen mit vielen Männchen, um die Vaterschaft zu verschleiern und so das Risiko des Infantizids (der Kindstötung) durch fremde Männchen zu verringern. Wenn Männchen mit einer gewissen Wahrscheinlichkeit selbst die Väter sind, verringert sich ihr aggressives Verhalten gegen die Jungen.

Die konkrete Promiskuität der Weibchen einer Tierart lässt sich durch genetische Vaterschaftstests bestimmen. Diese Methode ist genau, aber relativ aufwändig und bei Menschen schwer durchführbar. Es gibt aber einen sehr überzeugenden indirekten Beleg. Seit den 1980er Jahren ist bekannt, dass die relative Hodengröße der Männchen bei Primaten ein wichtiges Indiz für die Promiskuität der Weibchen ist (Harcourt et al. 1981). Primaten haben nicht nur abweichende Paarungssysteme, sondern sie unterscheiden sich auch deutlich im Gewicht der Hoden relativ zum Körpergewicht. Die beiden schwersten Menschenaffen, Gorillas und Orang-Utans, haben Harems aus einem Männchen und mehreren Weibchen. Die Männchen wiegen rund 170 bzw. 75 kg, ihre Hoden haben ein Gewicht von durchschnittlich 30 bzw. 35 g. Im Gegensatz hierzu sind die Männchen der Schimpansen nur rund 45 kg schwer, ihre Hoden wiegen aber etwa 120 g. Bezogen auf das Körpergewicht haben Schimpansen also 15-mal schwerere Hoden als Gorillas. Verglichen mit Orang-Utans kommen sie auf fast das sechsfache, verglichen mit Menschen auf mehr als das vierfache relative Gewicht.

Das relative Hodengewicht ist nicht nur bei Menschenaffen, sondern auch bei anderen Primaten mit dem Paarungssystem gekoppelt – und zwar konkret damit, ob sich ein Weibchen während eines Zyklus mit einem oder mehreren Männchen paart (*single-male* oder *multi-male breeding system*). Während die Weibchen bei Gorillas und Orang-Utans normalerweise nur mit einem Männchen kopulieren, sind es bei Schimpansen zahlreiche. Ein Gorilla- oder Orang-Utan-Männchen muss deshalb

Abb. 14: Vergleich sexueller Merkmale bei großen Menschenaffen. Links: relative Körpergröße, relative Entwicklung der Brustdrüsen und Schwellung der äußeren Genitalien der Weibchen aus Sicht der Männchen. Rechts: relative Körpergröße, Größe der Hoden und relative Größe des erigierten Penis der Männchen aus Sicht der Weibchen (verändert nach Short 1979)

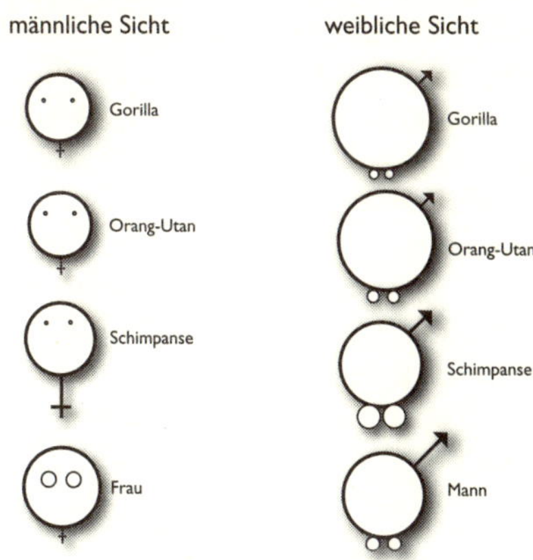

nur so viel Sperma produzieren, um die Befruchtung zu gewährleisten, entsprechend klein sind die Hoden. Bei Schimpansen konkurrieren die Männchen dagegen nicht nur durch körperlichen Kampf, wie etwa bei Gorillas, sondern auch bei der Spermaproduktion. In dieser Situation haben Männchen einen Selektionsvorteil, die größere Mengen von Sperma produzieren können, als Folge gab es eine Selektion auf größere Hoden. Falls diese Schlussfolgerung zutreffend ist, sollten auch andere Primaten, bei denen sich die Weibchen mit mehr als einem Männchen paaren, überwiegend größere Hoden haben als solche, die in monogamen Paaren oder Harems mit nur einem Männchen leben. Dies ist tatsächlich der Fall, die relative Größe der Hoden ist also ein wichtiger Hinweis auf das Paarungssystem einer Primatenart.

Welche Schlussfolgerungen über die Promiskuität der Frauen ergeben sich aus dieser Erkenntnis? Die menschlichen Hoden wiegen rund 40 g bei einem durchschnittlichen Körpergewicht von 65 kg. Daraus folgt, dass die Frauen sich in der Evolution überwiegend monogam verhielten, allerdings mit stärkerer Tendenz zur Promiskuität als bei Gorillas. Zum promiskuitiven System der Schimpansen bestehen dagegen signifikante Unterschiede. Hätten unsere Vorfahren in einem ähnlichen Paarungssystem gelebt wie heutige Schimpansen, würde man bei Menschen Hoden von 175 g erwarten statt wie in der Realität solche von 40 g. In Bezug auf das Verhalten der Frauen sind Menschen also eine eher monogame Art mit leichter Tendenz zur Promiskuität. Wie aber sieht es für die Männer aus? Anhand der Hodengröße kann man nicht zwischen Monogamie und (Harems-)Polygamie unterscheiden, weil sich die Weibchen in beiden Fällen nur mit je einem Männchen paaren. Das sexuelle Verhalten der Männer lässt sich aber anhand einer anderen Variable bestimmen – durch den körperlichen Größenunterschied zwischen Männern und Frauen.

Die Don-Giovanni-Strategie

Im Gegensatz zu den Weibchen haben Männchen bei Säugetieren zwei strategische Alternativen: Sie können bei einem Weibchen bleiben und sich um sie und den gemeinsamen Nachwuchs kümmern. Oder sie vernachlässigen die Brutpflege und versuchen stattdessen, möglichst viele Weibchen zu befruchten. Wenn es einem Elternteil gelingt, weniger als der andere in den gemeinsamen Nachwuchs zu investieren, erhöhen sich seine Chancen auf weitere Jungen mit anderen Sexualpartnern, und seine Gene werden sich entsprechend verbreiten. In den meisten Fällen sind dies die Männchen, da die Weibchen während der Schwangerschaft und Stillzeit diese Option nicht haben. Letztlich hängt die Möglichkeit männlicher Polygamie (Polygynie) davon ab, ob die ökologischen Bedingungen und die räumliche Verteilung der Weibchen es zulassen. Die Weibchen müssen ja nicht nur in der Lage sein, den Nachwuchs alleine bzw. mit geringerer Unterstützung aufzuziehen, sondern das Nahrungsangebot und der Schutz vor Raubtieren müssen zulassen, dass sich mehrere Weibchen an einem Ort aufhalten. Dann aber können und werden die Männchen versuchen, die zweite Strategie zu verfolgen, und sich mit mehreren Weibchen paaren.

Auf den ersten Blick könnte man diese Situation aus Sicht der Männchen für verlockend halten – sie ist es aber nur sehr bedingt. Wenn nämlich einzelne Individuen einen überdurchschnittlichen Reproduktionserfolg haben, so bedeutet dies, dass er bei anderen unterdurchschnittlich ist (ein ausgeglichenes Geschlechtsverhältnis angenommen). Die sexuelle Konkurrenz ist bei dem Geschlecht, bei dem es überdurchschnittlich erfolgreiche Individuen gibt, härter und es wird schwieriger, sich fortzupflanzen. Dadurch kann es zu aggressiven körperlichen Auseinandersetzungen zwischen den Männchen kommen, was zur Selektion von Merkmalen führt, die in diesen Kämpfen Vorteile bedeuten – beispielsweise zur Vergrößerung der Eckzähne oder zur Erhöhung des Körpergewichts.

Bei Säugetieren lässt sich nun eine eindeutige statistische Beziehung zwischen dem Unterschied in der Körpergröße von Männchen und Weibchen (‹sexueller Dimorphismus›) und der Abweichung vom Paarungssystem der Monogamie feststellen. Die Ergebnisse bei Robben (Pinnipedia), Huftieren und Primaten waren in allen drei Gruppen eindeutig: Je größer das durchschnittliche bzw. maximale Harem in einer Art ist, desto größer ist auch der körperliche Unterschied. Ursache für die Größenzunahme der Männchen ist die stärkere Konkurrenz beim Zugang zu den Weibchen (Alexander et al. 1979).

Was heißt dies für das sexuelle Verhalten der Männer? Sie sind im Durchschnitt 15 Prozent größer als Frauen, d.h., Menschen sind etwas weniger dimorph als z.B. Schimpansen. Damit gehören sie zu den mild polygynen Arten, das Ergebnis der Männer ist also recht ähnlich wie das der Frauen: soziale Monogamie mit relativ hoher Seitensprungtendenz. Für diese Schlussfolgerung sprechen noch eine ganze Reihe weiterer biologischer Merkmale, die bei Säugetieren generell mit Haremsbildung und Polygynie gekoppelt sind. Männchen werden unter diesen Bedingungen eher auf Erfolg in aggressiven Auseinandersetzungen als auf Langlebigkeit selektiert. Als Folge ist die Mortalität männlicher Embryonen höher, weshalb mehr Jungen als Mädchen gezeugt und geboren werden. Männliche Jugendliche kommen später in die Pubertät und sterben häufiger. Und schließlich altern Männer schneller und leben kürzer als Frauen. Alles in allem ist die Don-Giovanni-Strategie aus Sicht des männlichen Individuums also ein zweischneidiges Schwert.

Die Evolution des menschlichen Paarungssystems

Monogamie und ein großer männlicher Anteil an der Aufzucht sind sekundäre Spezialisierungen bei modernen Säugetieren. Sie kommen ganz überwiegend in Habitaten vor, die die Isolation der Paare ermöglichen, d.h. eine effektive Abkapselung des Weibchens und damit hohe Sicherheit der Vaterschaft bedeuten. Dies ist nun bei Menschen gerade nicht der Fall, sie leben und lebten in größeren Gruppen. Ihr Paarungssystem – Monogamie innerhalb einer sozialen Gruppe – ist sehr ungewöhnlich, keine andere heute lebende Primatenart zeigt dieses Verhalten. Ein Grund für diese Seltenheit ist, dass ein Weibchen, das sich in einer sozialen Gruppe mit einem einzigen (oder fremden) Männchen paart, ein hohes Risiko trägt, dass ihr Nachwuchs der Aggression anderer Männchen zum Opfer fällt. Bei Schimpansen (und Gorillas) lässt sich Infantizid regelmäßig beobachten. Ein möglicher Schutz besteht in der exklusiven Verbindung mit einem Männchen. Dieser Strategie folgen die Weibchen der Gorillas, weil hier räumliche Nähe gewährleistet und wenig konkurrierende Männchen vorhanden sind. Bei Schimpansen, die durch ihre Art der Nahrungssuche dazu gezwungen sind, sich alleine zu bewegen, können sich solche Bindungen nur zeitweise – Tage oder Wochen – ausbilden. Aus diesem Grund haben Schimpansenweibchen eine Strategie entwickelt, die derjenigen der Gorillas entgegengesetzt ist. Statt auf ausschließliche Vaterschaft mit einem einzigen Männchen zu setzen, ermöglichen sie allen Männchen der sozialen Gruppe die Chance, indem sie sich mit ihnen paaren.

Wann hat sich aus dieser Urform das Paarungssystem heutiger Menschen entwickelt? Ein entscheidendes Indiz ist der sexuelle Dimorphismus im Körpergewicht, da dieser bei Primaten mit dem Paarungssystem gekoppelt ist und sich an Fossilfunden ablesen lässt. Bei heutigen Menschen ist der Dimorphismus mit 15 Prozent relativ gering, verglichen mit 30 bis 40 Prozent bei Schimpansen und Bonobos und 100 Prozent bei Gorillas und Orang-Utans. Bei Australopithecinen geht man von schätzungsweise 50 bis 100 Prozent aus. Zur Angleichung der Körpergrößen kam es vor rund 2 Millionen Jahren bei *Homo erectus*. Aus späteren Phasen der Evolution sind dann keine weiteren signifikanten Veränderungen im sexuellen Dimorphismus des Körpergewichts oder bei anderen Merkmalen bekannt, welche auf aggressive Kämpfe zwischen den Männchen schließen lassen. Es ist also eher unwahrscheinlich, dass es nach dieser Zeit noch zu grundlegenden Änderungen im Paarungssystem der Menschen kam.

Das menschliche Paarungssystem hat zu einer ganzen Reihe von Anpassungen in körperlichen und Verhaltensmerkmalen geführt, durch die sie sich von den meisten anderen Primaten und Säugetieren unterscheiden. Theoretisch genügt es zur Konzeption, dass sich ein Weibchen ein einziges Mal mit einem Männchen paart. Bei einigen Säugetieren wie den Bisons ist das tatsächlich der Fall. Weibliche Schimpansen haben dagegen Anpassungen, die bewirken, dass sie sich mehrere hundertmal vor der ersten und etwas seltener vor weiteren Konzeptionen paaren: Sie sind rund zwei Jahre lang sexuell empfänglich, bis es zur ersten Konzeption kommt, dann jeweils wenige Monate bis zu weiteren Konzeptionen. In den Phasen dazwischen, die mit der Entwöhnung des Nachwuchses enden und rund 5 bis 7 Jahre andauern, sind sie normalerweise sexuell nicht empfänglich. Ihren Status signalisieren sie durch auffällige Schwellungen der Genitalien, die etwa ein Drittel des 36-tägigen Zyklus anhalten.

Bei Menschen gibt es nun physiologische Anpassungen, die kontinuierliche sexuelle Kontakte möglich und notwendig machen. So bleibt den Männern der Zeitpunkt des Eisprungs verborgen, d.h., sie wissen nicht, wann die Frauen fruchtbar sind. Zudem sind Frauen während ihres gesamten Zyklus sexuell attraktiv und aktiv, und sie paaren sich auch zwischen den Geburten. Die Dauerschwellung der weiblichen Brust und der im Vergleich zu den anderen Menschenaffen deutlich vergrößerte erigierte Penis der Männer sind weitere Hinweise darauf, dass die Sexualität bei Menschen noch einen anderen wichtigen biologischen Sinn hat. Mit ihrer ausschließlichen Funktion im Dienste der Reproduktion lassen sich diese Besonderheiten jedenfalls nicht erklären. Die ständige sexuelle Empfänglichkeit der Frauen ist eine Anpassung, deren zentrale Funktion wahrscheinlich darin besteht, das Interesse und die Loyalität des Mannes aufrechtzuerhalten (Alexander & Noonan 1979).

Für diese Interpretation sprechen auch Beobachtungen an Bonobos. Bei dieser zweiten Schimpansen-Art kommt es zwischen Weibchen, Männchen und Heranwachsenden beiden Geschlechts zu häufigen sexuellen Kontakten in jeder erdenklichen Kombination. Wie bei Menschen ist Sexualität bei Bonobos ein integraler Bestandteil der sozialen Beziehungen; entsprechend sind die Weibchen während fast des gesamten Zyklus sexuell aktiv. Der vielleicht wichtigste ursprüngliche Grund für dieses Verhalten bestand in der maximalen Verschleierung der Vaterschaft als Schutz gegen Infantizid. Die Strategie ist offensichtlich erfolgreich – bisher wurde bei Bonobos im Gegensatz zu anderen Schimpansen Infantizid nicht nachgewiesen. Bei Menschen wird dagegen die auch bei Gorillas zu beobachtende umgekehrte Strategie verfolgt: die ausschließliche Bindung an ein Männchen. Ein weiterer wesentlicher Unterschied zwischen Menschen und Bonobos besteht in der Zahl der Gruppenmitglieder, zu denen durch Sexualität soziale Kontakte aufgebaut werden. Während dies bei Menschen normalerweise eine begrenzte Zahl von Personen ist, sind es bei Bonobos potenziell alle Mitglieder der eigenen und benachbarter sozialer Gruppen (de Waal 2001).

Menschen sind also eine sich häufig paarende Art mit vergleichsweise reduzierter sexueller Konkurrenz zwischen den Männern und starker Paarbindung. Welche Vorteile ziehen Frauen aus diesem Paarungssystem? Eine Hypothese geht davon aus, dass Männer für die Nahrungsversorgung unerlässlich wurden, indem sie beispielsweise die Frauen und ihre zunehmend energieaufwändigen Kinder mit Fleisch versorgten. Eine alternative Hypothese betont die Rolle der Männer als Beschützer der Frauen und Kinder vor Aggression und Infantizid. Einer dritten Erklärung zufolge führte der Gebrauch von Feuer zur Nahrungszubereitung zu einer zeitlichen Verzögerung zwischen Beschaffung und Verzehr, was die Möglichkeit des Diebstahls durch andere Gruppenmitglieder erhöhte. Frauen waren also darauf angewiesen, die mühsam besorgte Nahrung für sich und ihre Jungen zu verteidigen.

Allen drei Hypothesen zufolge verbündeten sich die Weibchen mit den Vätern ihrer Kinder, sei es, um Nahrung zu beschaffen, sie zu bewachen oder sich zu schützen. Als Folge konkurrierten sie mit den anderen Weibchen dauerhafter um die Männchen. Weibchen, die für Männchen ständig – auch während der Zeiten, in denen sie nicht fruchtbar waren – sexuell attraktiv blieben, hatten größere Chance, diese als Beschützer oder Nahrungsbeschaffer an sich zu binden. Da die Männchen keine Möglichkeit hatten, die fruchtbaren Tage zu erkennen, waren sie gezwungen, die Weibchen ständig zu begleiten, wenn sie sichergehen wollten, dass es sich um den eigenen Nachwuchs handelt. Ein Nebeneffekt des versteckten Eisprungs könnte auch sein, dass sich so die sexuelle Aufmerksamkeit anderer Männchen verringerte, wodurch sich wiederum die Sicherheit der Vaterschaft des investierenden Männchens erhöhte (Grammer 1993; Ridley 1993; Miller 2000).

Wie plausibel erklären die evolutionsbiologischen Szenarien und Korrelationen Sexualität und Reproduktion heutiger Menschen? Es ist unbestritten, dass menschliches Verhalten auch auf diesem Gebiet sehr variabel ist und von erlernten Reaktionen überlagert wird. Aber obwohl viele Menschen heute die Möglichkeit hätten, die unterschiedlichsten sexuellen Verhaltensweisen und Partnerschaftsformen zu leben, kehren die meisten doch – zumindest zeitweise – zu den traditionellen Mustern zurück. Dies gilt gleichermaßen für Paarbindung wie für Promiskuität. Theoretisch wäre es möglich, dass diese Verhaltensweisen kulturell erlernt sind, aber sehr wahrscheinlich ist es nicht. Dazu sind die evolutionären Erklärungen zu schlüssig und die biologischen Notwendigkeiten zu offensichtlich. Auch ist es bisher noch keiner Kultur gelungen, die menschliche Sexualität vollständig zu domestizieren: «Die Liebestriebe sind schwer erziehbar [...]. Das, was die Kultur aus ihnen machen will, scheint ohne fühlbare Einbuße an Lust nicht erreichbar» (Freud *GW* 8 [1912]: 90–1). Wenn Freud Recht hat, so müssen die Menschen – wenn sie glücklich werden wollen – akzeptieren, dass «die Liebe im Grunde heute ebenso animalisch [ist], wie sie es von jeher war», und lernen, auch diesen Teil ihrer Natur zu schätzen.

Gesellschaft und Macht

Am Freitag, den 27. Juli 1724, wurde in der Nähe von Hameln «ein nacktes, braungelbes, schwarzhaariges Geschöpf» gefunden und mit Hilfe von ein paar Äpfeln eingefangen. Zunächst betrug es sich «gar thierisch», wurde aber langsam «zahmer und reinlicher». Der ‹wilde Peter›, wie die Kinder ihn nannten, wurde bald zu einer Berühmtheit und fand schließlich im englischen König Georg I. seinen Wohltäter. Nachdem der wilde Peter von Naturforschern und Philosophen als «Ideal des reinen Naturmenschen» untersucht und diskutiert worden war, gab man ihn im ländlichen England in Pflege, wo er 1785 als «hochbetagtes Kind» sein Leben beschloss (Blumenbach 1811: 11–44).

Der wilde Peter war nicht das einzige ‹Wolfs-› oder ‹Bärenkind›, von dem man sich im 18. Jahrhundert Aufschluss über die Natur der Menschen und die ‹angeborenen Begriffe› erhoffte. Es gab, so vermutete man, einen ursprünglichen Naturzustand, in dem Menschen als einzelne, isolierte Individuen lebten. Bevor sie sich miteinander verbündeten, waren sie «vielleicht das wildeste und das am wenigsten Furcht einflößende Tier von allen: nackt, ohne Waffen und ohne Schutz war die Erde für sie eine riesige Einöde, von Ungeheuern bevölkert, deren Beute sie oft wurden» (Buffon 1753: 173).

Noch in den 1930er Jahren entwickelte der Philosoph Arnold Gehlen eine Anthropologie, der zufolge die Menschen biologische «Mängelwesen» sind. Bis heute steht sie bei Geistes- und Sozialwissenschaftlern hoch im Kurs. Gehlen behauptete, dass die Menschen «im Gegensatz zu allen höheren Säugern hauptsächlich durch Mängel bestimmt» seien, die «im exakt biologischen Sinne» Unangepasstheiten darstellen. Als Beispiele nennt er u. a. das fehlende «Haarkleid», mangelnde «natürliche

Angriffsorgane», einen «geradezu lebensgefährlichen Mangel an echten Instinkten» und eine «ganz unvergleichlich langfristige Schutzbedürftigkeit» in der Kindheit. Daraus schloss er, dass der Mensch «innerhalb *natürlicher*, urwüchsiger Bedingungen [...] als bodenlebend inmitten der gewandtesten Fluchttiere und der gefährlichsten Raubtiere schon längst ausgerottet sein» würde. Dies war aber offensichtlich nicht der Fall. Vielleicht, so spekulierte Gehlen deshalb weiter, gab es eine «optimale Zufallsumwelt,» ein «Paradies», einen «Mutterschoß der Natur» ohne Kampf ums Dasein, für den er indes weder Belege noch plausible Szenarien angeben kann (1997: 33, 128).

Menschen sind aber nicht hilflos, sondern «selbst im rohesten Zustand, in dem sie heute existieren», sind sie, wie Darwin schrieb, «das dominanteste Tier, das jemals auf dieser Erde erschienen ist» (1871, 1: 136). Dies gilt, so kann man heute ergänzen, definitiv für die letzten rund 200 000 Jahre. Bei der Verbreitung von *Homo sapiens* nach Asien, Australien, Europa und Amerika zeigte sich überall das gleiche Muster: Wo Menschen auftauchten, kam es zu einem massiven Aussterben der Großtierfauna. Von den 150 Gattungen von Großtieren (> 44 kg), die vor 50 000 Jahren lebten, waren 40 000 Jahre später zwei Drittel verschwunden. Unter den ausgestorbenen Arten waren, um Nord-Amerika als Beispiel zu nehmen, nicht nur Beutetiere wie Pferde, Kamele, Riesenfaultiere und Mammuts, sondern auch Raubtiere wie Säbelzahnkatzen und Löwen. Klimaveränderungen scheinen das Aussterben teilweise beschleunigt zu haben, in den meisten Fällen korrelieren die Aussterbeereignisse aber so eng mit der Ankunft der Menschen, dass an ihrer Rolle als alleinige oder Mit-Verursacher kein Zweifel besteht (Barnosky et al. 2004).

Was also ist die Ursache ihrer Macht, die es den Menschen ermöglichte, die Erde von «den riesigen wilden Tieren zu säubern»? Es ist, wie der Naturforscher Georges Buffon schon im 18. Jahrhundert schrieb, die Gesellschaft, «aus der der Mensch seine Macht bezieht; in ihr kann er seinen Verstand verbessern, seinen Geist üben und seine Kräfte vereinen» (1753: 173).

Abb. 15: Großtierfauna Nord-Amerikas bei Ankunft der Menschen vor rund 15 000 Jahren

Nutzen und Kosten sozialer Gruppen

Die Sozialität der Menschen ist keine kulturelle Eigenschaft, sondern sie sind von Natur aus soziale Tiere, mit einer ganzen Reihe biologischer Anpassungen an das Gruppenleben. Das Zusammenleben in dauerhaften Verbänden, bei denen die Tiere interagieren und sich als Individuen erkennen, ist eine grundlegende und ursprüngliche Anpassung der Primaten, die lange zu ihrem Verhaltensrepertoire gehörte, bevor es Menschen gab. Unter Halbaffen gibt es einige einzelgängerische Arten, unter echten Affen und Menschenaffen werden nur Orang-Utans genannt. Aber auch sie bewegen sich in einem ausgedehnten Verband von Artgenossen, zu denen sie gelegentliche soziale Kontakte aufnehmen. In Zoos zeigen sie sogar ein intensives Sozialverhalten.

Warum leben Tiere in sozialen Gruppen? Als wichtigsten Vorteil nennt die Verhaltensforschung den Schutz vor Raubtieren (Voland 2000). Sozial lebende Tiere werden zwar leichter von Raubfeinden aufgespürt, sie verfügen aber über mehr aufmerksame Augen und Ohren, und sie können sich gegenseitig warnen. Bei einigen Affenarten kann man auch kollektive Verteidigung gegen Raubtiere beobachten; in einzelnen Fällen gelang es Pavianen auf diese Weise sogar, Leoparden, ihre gefährlichsten Raubfeinde, zu töten. Bei einigen Primaten wie Pavianen, Schimpansen und Menschen verteidigen die Männchen zudem gemeinsam ein Territorium mit Nahrung und anderen Ressourcen gegen rivalisierende Horden. Anfang der 1970er Jahre konnten Jane Goodall und andere Verhaltensforscher in Feldstudien an Schimpansen erstmals tödliche Aggression gegen Männchen und sexuell nicht empfängliche Weibchen fremder Horden nachweisen. Es wurden mehrjährige Feldzüge beobachtet, in deren Verlauf der schwächere Verband systematisch dezimiert wurde, bis keines der Männchen übrig blieb und die Gruppe sich auflöste (Goodall 1986).

Schimpansen sind neben den Menschen die einzigen Menschenaffen, die zudem systematisch und in Gruppen jagen. In den meisten Fällen jagen erwachsene und heranwachsende Männchen, seltener Weibchen. Das bevorzugte Beutetier sind junge Stummelaffen *(Colobus)*. Auch die frühen Menschen waren sicher nicht nur Jäger, sondern gemeinschaftliche Jäger.

Das Leben in einem sozialen Verband hat auch eine ganze Reihe von Nachteilen. Seine Mitglieder konkurrieren um Nahrung, Paarungspartner oder andere Ressourcen; je knapper ein Gut ist, desto mehr nehmen die Konflikte zu. Notwendige Voraussetzung für die Bildung sozialer Gruppen ist also ein für mehrere Tiere ausreichendes lokales Nahrungsangebot. Die Verteilung und Menge der Nahrung ist letztlich entscheidend für die Sozialstruktur einer Art. Bei Primaten müssen vor allem die Weibchen wegen ihres gesteigerten Energiebedarfs in Schwangerschaft und Stillzeit Wert auf die gesicherte Verfügbarkeit ausreichender Nahrung legen. Ihre räumliche Verteilung ist deshalb in erster Linie von der Verteilung dieser Ressource abhängig. Da die Männchen deutlich geringere Reproduktionskosten haben, ist bei ihnen ein großes Nahrungsangebot weniger wichtig; für sie ist der Zugang zu den Weibchen der limitierende Faktor. Die Weibchen werden sich also bei den Futterquellen aufhalten, die Männchen in der Nähe der Weibchen.

Abb. 16: Kooperatives Jagen bei Australopithecus habilis (nach Wilson 1980)

Sind die Ressourcen verstreut, so sind die Weibchen zu einem einzelgängerischen Leben gezwungen, als Folge kann ein monogames Paarungssystem wie bei den Gibbons entstehen. Lassen es reichhaltigere Futterquellen zu, dass sich mehrere Weibchen in unmittelbarer Umgebung aufhalten, so haben einzelne Männchen – wie bei Gorillas – die Möglichkeit, einen Harem zu verteidigen. Kommt genügend Nahrung innerhalb eines begrenzten Gebietes, aber verstreut vor, so können sich so genannte *fission-fusion*-Gruppen wie bei Schimpansen bilden (Trennungs-Verschmelzungs-Gruppen). Dabei verbringen die Individuen einer Gemeinschaft einige Zeit allein oder bilden kurzfristige Untergruppen, wenn sie auf Nahrungssuche sind. Der Versuch einzelner Männchen, einen Harem aus mehreren Weibchen zu bewachen, ist unter diesen Umständen zum Scheitern verurteilt. Bei den Schimpansen kooperieren deshalb mehrere (verwandte) Männchen, weil sie nur so ein ausgedehntes Territorium einschließlich der darin befindlichen Nahrungsressourcen und Weibchen verteidigen können (Foley 2000: 123–35).

Neben den ökologischen Kosten des Gruppenlebens, die durch erhöhten Aufwand bei der Nahrungssuche entstehen, gibt es noch die sozialen Kosten. Zwischen den Individuen einer Gruppe gibt es zahlreiche Interessenkonflikte – um Nahrung oder Reproduktionspartner –, die zu aggressiven Auseinandersetzungen führen und beigelegt werden müssen. Allianzen zwischen den einzelnen Tieren bedürfen der Pflege, und schließlich müssen sich die Gruppenmitglieder in Anbetracht äußerer Feinde ihres gegenseitigen Wohlwollens und Vertrauens versichern. Bei Altwelt-Affen und Menschenaffen wird dies überwiegend durch gegenseitige Fellpflege erreicht *(grooming)*, bei Bonobos haben sexuelle Kontakte eine ähnliche Funktion. Mit der Größe der Gruppe nimmt auch die Zeit zu, die die Individuen der gegenseitigen Fellpflege und anderen Formen sozialer Interaktion widmen müssen, damit es nicht zur Zersplitterung der Gruppe kommt. Heutige Menschen- und Schwanzaffen verbringen bis zu 20 Prozent der Tagzeit mit dieser Tätigkeit, deutlich mehr als aus gesundheitlichen Gründen erforderlich wäre.

Interessant ist auch hier der Vergleich mit Menschen. Rechnet man die entsprechende Zeit hoch, die ein Individuum in einer typischen Jäger- und Sammler-Gemeinschaft von rund 150 Individuen auf soziale Interaktionen verwenden müsste, so kommt man auf über 40 Prozent der verfügbaren Zeit. Da dies unter natürlichen Bedingungen kaum realistisch ist, mussten Menschen andere, effektivere Methoden der Gemeinschaftsbildung entwickeln: Eine ist die Sprache, die es erlaubt, mit mehreren Personen gleichzeitig zu kommunizieren, andere sind Gemeinschaftsrituale – Tänze, Schauspiele und Feste – oder gemeinsame Phantasien (Mythen). Diese Formen sozialer Interaktion ergänzen, aber sie ersetzen den direkten körperlichen Kontakt nicht. Der Lustgewinn beim ‹Grooming› ist eine biologische Anpassung aller Menschenaffen an das soziale Leben, sein Entzug führt auch bei Menschen zu schweren psychischen Schädigungen.

Verwandtenselektion und Bündnisse auf Gegenseitigkeit

Auf Dauer werden Tiere nur in Gruppen leben, wenn sie so besser überleben und sich reproduzieren können. Je mehr diese Interessen gewahrt sind, desto stärker wird auch der Zusammenhalt sein, und umgekehrt. Die intensivsten Kooperationen kommen deshalb zwischen genetisch verwandten Organismen vor, weil hier mit den gemeinsamen Genen das übereinstimmende Interesse am unmittelbarsten gegeben ist. Entsprechend sind die meisten Arten in der Lage, bis zu einem ziemlich komplizierten Grad zwischen Verwandten und Nichtverwandten zu unterscheiden.

Soziale Zusammenschlüsse basieren bei Tieren deshalb überwiegend auf Verwandtschaft. Das offensichtlichste Beispiel ist die Sorge der Eltern, speziell der Mütter, für ihren Nachwuchs, den sie unter oft enormen Kosten und Gefahren ernähren und beschützen. Die Eltern sind aber nur jeweils zur Hälfte mit ihren Kindern verwandt, ihre Interessen sind also nicht identisch. Sind zwei Individuen noch näher verwandt, genetisch identisch wie eineiige Zwillinge oder asexuelle Klone, dann sollte der wechselseitige Altruismus noch größer sein. Dies ist in der Tat der Fall, wie man an vielzelligen Tieren und Pflanzen beobachten kann. Deren Existenz beruht auf der perfekten Arbeitsteilung und Zusammenarbeit von Einzelorganismen, den Zellen. Basis ihrer Kooperation ist die Verwandtschaft – von gelegentlichen Neumutationen abgesehen, sind die Zellen eines Körpers genetisch identisch, eineiige Zwillinge sozusagen (Junker 2004 a: 70–80).

Aber auch bei geringerem Verwandtschaftsgrad kann man ähnliche Effekte beobachten: Ein Weibchen, das sich beispielsweise um vier Kinder seiner Geschwister sorgt, hat dieselbe genetische Fitness wie bei zwei eigenen Kindern. Diese Art von ‹delegierter› Reproduktion ist bei Tieren sehr häufig und nach der Selektionstheorie zu erwarten. Man spricht in diesem Zusammenhang von ‹Verwandtenselektion› *(kin selection)* im Gegensatz zur Auslese an Individuen. Dies ist, das sei kurz erwähnt, auch eine mögliche Erklärung dafür, dass es Homosexualität als genetisch determinierte, d. h. natürliche Verhaltensweise geben kann. Indem ein homosexuelles Männchen zum Überleben der Kinder seiner Geschwister beiträgt, verhindert es, dass die eigenen Gene, unter denen auch eine Anlage zur Homosexualität sein mag, aussterben.

Wie wichtig sind die Familienbande bei Schimpansen und Bonobos über den Bereich der Brutpflege hinaus? Bei beiden Arten verlassen die Weibchen mit rund zehn Jahren im Allgemeinen ihre Geburtsgruppe, kurz nachdem sie ins geschlechtsreife Alter gekommen sind. Der Vorteil dieses – in Anbetracht der beträchtlichen Aggression der Weibchen in der neuen Horde – nicht unriskanten Verhaltens ist die Vermeidung von Inzucht, die zu reduzierter Lebensfähigkeit und Fruchtbarkeit der Nachkommen führt. Die Männchen dagegen verbleiben in der ursprünglichen Gruppe. Aus diesem unterschiedlichen Migrationsverhalten folgt, dass die Männchen mit ihren Verwandten zusammenleben, die Weibchen dagegen nicht. Das heißt, die Schimpansenmännchen, die gemeinsam ein Territorium verteidigen, sind teilweise Brüder und Halb-Brüder, ihre Zusammenarbeit hat also auch eine familiäre Komponente.

Die Zusammenarbeit zwischen Verwandten ist nicht die einzige Form von kooperativem Verhalten in der Natur. Weniger häufig und störungsanfälliger, aber durchaus nicht ungewöhnlich ist die Zusammenarbeit zwischen Organismen, die nicht näher miteinander verwandt sind. Alle Formen von Symbiosen zwischen verschiedenen Arten sind hier zu erwähnen, aber auch die Kooperation eines Paares bei der Aufzucht der gemeinsamen Kinder. Diese Form der Zusammenarbeit funktioniert nach dem Gegenseitigkeitsprinzip, d.h., die Vorteile beider Partner müssen gewahrt sein (Trivers 1971; Dawkins 1989).

Welche Bedeutung haben Bündnisse zwischen nichtverwandten Individuen bei Schimpansen und Bonobos? Die Kooperationen zwischen Schimpansenmännchen basieren teilweise, aber nicht ausschließlich auf Verwandtschaft. Wenn es sich als vorteilhaft erweist, so sind sie fähig, auch mit nichtverwandten Männchen extrem starke Allianzen zum gegenseitigen Nutzen einzugehen. Überraschender ist aber die Situation bei den Bonobos. Obwohl hier die Weibchen einer Gruppe meist nicht verwandt sind, bilden sie untereinander starke Bündnisse. Dadurch sind sie in der Lage, die deutlich größeren Männchen zu dominieren und die Gruppen zu beherrschen. Dies ist sehr ungewöhnlich, denn normalerweise bildet das Geschlecht, das in der Gruppe verbleibt, die stärkeren (weil auf Verwandtschaft begründete) Netzwerke aus. Dies können, wie bei Schimpansen, die Männchen oder, wie bei Pavianen, die Weibchen sein.

Das Beispiel der Bonobos ist also nicht deshalb höchst interessant, weil es bei ihnen Bündnisse zwischen Weibchen gibt, sondern weil diese unabhängig von genetischer Verwandtschaft und stärker als die Brüder-Solidarität der Männchen sind. Man hat versucht, die Unterschiede im Lebensstil der beiden Schimpansen-Arten durch die ökologischen Bedingungen zu erklären. Entscheidend scheinen die Verteilung und das ausreichende Angebot an Nahrung zu sein. Bonobos haben Zugang zu größeren fruchttragenden Bäumen, ihre Sozialstruktur basiert also auf einer berechenbaren, ergiebigen Nahrungsquelle, an der mehrere Weibchen fressen können, ohne in Konflikt zu geraten (de Waal 2001).

Während das Sozialsystem der Schimpansen also dadurch charakterisiert ist, dass sich die Männchen, und das der Bonobos, dass sich die Weibchen miteinander verbünden, kommen in menschlichen Gesellschaften beide Möglichkeiten vor. Zusätzlich gibt es noch eine dritte Form der Kooperation, die man weder bei Schimpansen noch bei Bonobos antrifft: die Mann-Frau-Paarbindung. Es ist sicher kein Zufall, dass sich Menschen in allen Kulturen verlieben, eifersüchtig sind, langfristige sexuelle Beziehungen eingehen und sich dabei ins Private zurückziehen. Anders als bei Eltern-Kind- oder Geschwisterbeziehungen besteht zwischen Frau und Mann ein reines Bündnis auf Gegenseitigkeit, da sie ja gerade nicht miteinander verwandt sein sollten.

Familienbande: Ein Feind der Menschheit?

Noch vor rund 10000 Jahren lebten alle unsere Vorfahren als Jäger und Sammler in Gruppen von bis zu 200 Individuen, mit denen sie mehr oder weniger eng verwandt waren. Die heutigen Verbände – Städte, Firmen, Staaten – sind oft um ein Vielfaches größer, und sie bestehen meist aus Individuen, die nicht miteinander verwandt sind. Sind Menschen überhaupt dazu fähig, dauerhaft in den riesigen Verbänden der modernen Zivilisation zu leben?

Die Antwort und die Zukunft der Menschheit werden davon abhängen, ob soziale Gruppen in der Evolution der Menschen eher auf genetischer Verwandtschaft oder auf Gegenseitigkeit beruhten. Man kann die Frage auch so formulieren: Sind Menschen darauf programmiert, ihre Gene *selbst* zu verbreiten, und steht folglich das Wohlergehen des *Individuums* an erster Stelle? Oder konnten sie ihre genetische Fitness optimieren, indem sie sich für ihre *Verwandten* aufopferten? Der Soziobiologe Edward O. Wilson sieht hierin die «Schlüsselfrage der sozialen Theorie». Da die Menschen heute in größeren Gemeinschaften leben, muss Kooperation über den engen Bereich der Verwandten hinausgreifen. Kommt es nicht dazu, ist ein insektenhaftes Intrigenspiel aus Vetternwirtschaft und Rassismus die Folge, die Zukunft wäre düster jenseits des Erträglichen. Es sei deshalb zu hoffen, dass die Menschen ausreichend egoistisch und berechnend sind, um ihren individuellen Vorteil in der Kooperation mit nichtverwandten Individuen zu suchen (1978: 164, 156).

Was sagen die empirischen Untersuchungen der Verhaltensforscher zu dieser Frage? Eltern-Kind-Fürsorge und Bündnisse zwischen Verwandten sind allgemein anzutreffen und relativ intensiv. Daneben gibt es aber auch ausgeprägte Bündnisse auf Gegenseitigkeit, wie die Paarbindung bei Menschen oder die Kooperation zwischen den Weibchen der Bonobos. Zur Zusammenarbeit kommt es aber meist nur innerhalb der sozialen Gruppen, und sie dient oft, wie bei Schimpansen, der Aggression nach außen, anderen Horden gegenüber. Bei Bonobos wurde tödliche Aggression zwischen den Gruppen dagegen bisher nicht beobachtet. Die Menschen scheinen an diesem Punkt mehr den Schimpansen zu ähneln.

Es gibt wenig Zweifel, dass die Stammesgeschichte der Menschen auch eine Geschichte von Genoziden war. Jared Diamond hat allein für den Zeitraum von der Entdeckung Amerikas durch die Spanier im Jahr 1492 bis in die Gegenwart fast vierzig Fälle von Massenmorden an Völkern und Ethnien aufgezählt, die teilweise bis zur völligen Ausrottung geführt haben (1998: 346–87). Wenn tödliche Aggression bei Menschenaffen – Infantizid, Kannibalismus, Feldzüge gegen rivalisierende Gruppen – eine Option ist, die unter spezifischen ökologischen Bedingungen auftritt, so ist ein Ende mörderischer Auseinandersetzungen bei Menschen durch ethische Appelle nicht zu erwarten, sondern nur dann möglich, wenn es zur Behebung gravierender Mangelsituationen und zum Ausgleich bei der Verteilung der Ressourcen kommt.

Die Erfindung des Feigenblattes

Menschen können wie die Mehrzahl der Primaten nur in einer sozialen Gruppe überleben. Sie bietet den Individuen Schutz gegen Raubtiere, gleichzeitig wird aber die Konkurrenz innerhalb der Horde um Nahrung und sozialen Rang zum maßgeblichen Selektionsfaktor. Die Folgen für das Individuum können dramatisch sein – «Die Hölle, das sind die anderen», wie Jean-Paul Sartre eindrücklich bemerkte (*Geschlossene Gesellschaft*, 1944). Die Ambivalenz des Gruppenlebens prägt auch das Verhältnis zum eigenen Körper, vor allem zum nackten Körper.

Eines der eigenartigsten körperlichen Merkmale der Menschen ist ihre nackte Haut. Mit Ausnahme weniger, aber auffallend behaarter Stellen am Kopf, in den Achselhöhlen und im Genitalbereich sind ihre Haare kaum zu sehen. Bei keiner anderen Primatenart findet man etwas Ähnliches und auch sonst ist bei Säugetieren eine allgemeine Rückbildung des Fells sehr selten. Sie kommt nur bei einigen unterirdisch grabenden Säugern wie Nacktmullen, bei wasserlebenden Tieren wie Walen und Flusspferden sowie bei sehr großen Arten wie Nashörnern und Elefanten vor. Menschen sind zwar nicht völlig haarlos, wie beispielsweise Delfine, sondern ihre Haut ist von zahlreichen winzigen Körperhaaren besetzt. Vom funktionellen Standpunkt aus sind sie aber tatsächlich nackt, da ihre Haut den Einwirkungen der Außenwelt ausgesetzt und sichtbar ist. Darüber, wann und warum die Reduktion des Fells eingesetzt hat, gehen die Meinungen der Evolutionsbiologen auseinander; durch Fossilfunde lässt sich die Frage leider nicht klären, da Haut und Haare nur extrem schlecht überdauern. Die vielleicht plausibelste Theorie geht davon aus, dass die Nacktheit zusammen mit der Vermehrung der Schweißdrüsen ursprünglich zur Regulierung der Körpertemperatur diente. Das Merkmal wäre also bereits vor rund zwei Millionen Jahren bei frühen Menschen *(H. erectus)* als Anpassung an ausdauerndes Laufen unter Hitzebelastung entstanden.

Tatsache ist, dass es im Laufe der Evolution zur Reduktion des Fells kam und dass auf diese Weise die Haut sichtbar wurde. Dadurch konnte sie zum Signal werden, d.h. zur innerartlichen Kommunikation genutzt werden. So signalisieren Menschen ihren emotionalen Zustand – Angst, Wut oder Erregung – nicht durch Aufstellen der Körperhaare, sondern durch Erbleichen oder Erröten. Die Hautfarbe kann auch zur Abgrenzung fremden Gruppen gegenüber dienen. Schon Darwin hatte bemerkt, dass Menschen bei der Partnerwahl der Hautfarbe große Bedeutung beimessen und dass sie als wichtiges Schönheitsmerkmal gilt (1871, 2: 381). Die Farbe ist aber nur eine von vielen Eigenschaften der Haut. Man kann aus ihr nicht nur auf Gene, Alter, Ernährung und Gesundheit, sondern oft auch auf charakterliche Eigenschaften, Lebensumstände und den Stresslevel einer Person schließen. Es gibt vielleicht keinen anderen ähnlich zuverlässigen Schnellindikator für den reproduktiven Status eines Menschen wie seine Haut. Dadurch hat sie eine ähnliche Funktion erhalten wie die prachtvollen Federn einiger Vogelarten; sie dient als Fern-Indikator für sexuelle Attraktivität. Ein gesundes und lebenskräftiges Individuum wird deshalb ein vitales Interesse daran haben, seinen genetischen Wert zu demonstrieren, indem es sich nackt zeigt.

Warum und wann haben Menschen dann aber mit der Kleidung ein sekundäres, kulturelles Fell erfunden? Ein zweifellos wichtiger Grund war die Auswanderung aus Afrika und die Eroberung gemäßigter und kalter Klimazonen. Man kann sicher davon ausgehen, dass die Neandertaler und Cro-Magnons im eiszeitlichen Europa Kleidung trugen, obwohl es dafür bisher nur indirekte Indizien gibt. Klimatische Faktoren können aber nur ein Teil der Erklärung sein, denn Menschen tragen auch dann Kleidung, wenn die äußeren Bedingungen es nicht erfordern, was Kinder bekanntermaßen erst erlernen müssen. Das Verdecken des Körpers hat offensichtlich auch eine soziale Funktion: Wenn Nacktheit aber ein sexuelles Signal ist, dann dient Kleidung der Entsexualisierung. Die Tatsache, dass bestimmte Kleidungsstücke sekundär wieder als sexuelle Signale dienen, widerspricht dieser These nicht, sondern bestätigt sie.

Kleidung ist also ein Teil der vielfältigen kulturellen Beschränkungen und Verbote auf dem Gebiet der Sexualität, ihr Zweck ist das Verbergen der Genitalien. Ethnologische Beobachtungen und einige der frühesten überhaupt erhaltenen Kunstwerke stützen die Vermutung, dass «die Genitalien ursprünglich der Stolz und die Hoffnung der Lebenden waren» und «göttliche Verehrung genossen» (Freud *GW* 8 [1910]: 166–7). Warum also sollte ein Individuum sie verbergen oder eine soziale Gruppe dies von ihren Mitgliedern fordern?

Bei Schimpansen kann man vergleichbares Verhalten in Bedrohungssituationen beobachten, die aus sexueller Konkurrenz entstehen und sich gegen die Genitalien der Rivalen richten. In solchen Situationen täuschen rangniedrige Schimpansen mangelndes sexuelles Interesse vor, um dann im Geheimen und möglichst schnell doch zu kopulieren. Auch Menschen bedecken ja

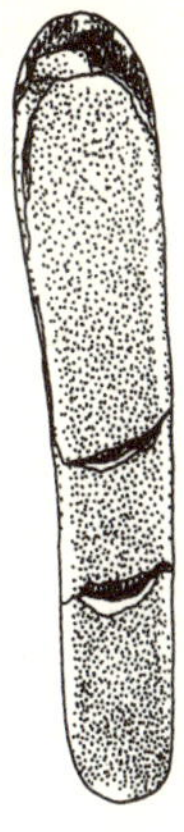
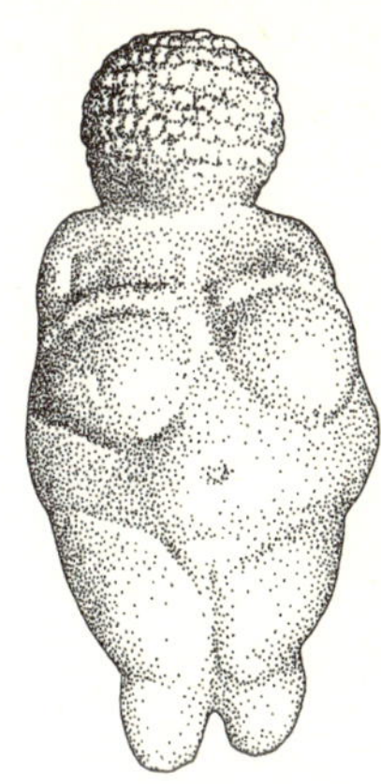

Abb. 17: Zu den frühesten erhaltenen Kunstwerken gehören Statuetten, die sexuelle Merkmale betonen. Berühmt wurde die aus Kalkstein geschnitzte ‹Venus von Willendorf› (ca. 24 000 Jahre vor heute; Höhe 10,6 cm). Erst kürzlich wurde auf der Schwäbischen Alp ein knapp 20 cm langer Stein-Phallus gefunden (ca. 28 000 Jahre vor heute) (Nicholas Conard und Mitarbeiter; Universität Tübingen).

nicht nur ihre Genitalien, sondern sie ziehen sich normalerweise zur Paarung ins Private zurück. Anlog zur Situation bei den Schimpansen wäre das Verdecken der Genitalien also ein antisexuelles Signal, das gegen die Aggression mächtigerer Gruppenmitglieder schützen soll. Die ranghöheren Individuen ihrerseits fordern dieses Signal als Zeichen der Unterwerfung. Ein zweites wichtiges Motiv ist die Eifersucht, bei der es darum geht, den Sexualpartner zu bedecken oder zu verstecken.

Seit wann gibt es Bekleidungsregeln bei Menschen, seit wann gilt Nacktheit in der Öffentlichkeit, ebenso blumig wie vage, als ‹Erregung öffentlichen Ärgernisses›? Ethnologische Daten sprechen dafür, dass es schon bei Jägern und Sammlern Vorformen gab. Erst mit der Entstehung von Städten und Staaten in den letzten Jahrtausenden scheint es aber zu den heute anzutreffenden, weitgehenden Beschränkungen gekommen zu sein. Eine Erklärung ist, dass das Zusammenleben vieler Menschen zu einer «sexuellen Reizflut» geführt habe. Bekleidung sollte in dieser Situation verhindern, dass es zu einem «gefährlichen Anwachsen sexueller Aktivität außerhalb der Paarbindung» kommt oder dass wichtige nichtsexuelle Tätigkeiten und Arbeiten gestört werden (Desmond 1967: 80–1; Diamond 1998: 101–3). Diese allgemeinen Erwägungen haben eine gewisse Plausibilität, sie lassen allerdings unberücksichtigt, dass zwischen den verschiedenen Kulturen und Zeiten an diesem Punkt tief greifende Unterschiede bestehen (Steinbach 2004). Wie viel Nacktheit in privaten, gesellschaftlichen und künstlerischen Bereichen möglich ist und welche Bekleidungsregeln der gesamten Bevölkerung oder einem Teil – meist den Frauen – gegenüber durchgesetzt werden, ist höchst variabel. So wird der kulturelle Umgang mit der Schönheit des nackten menschlichen Körpers selbst zu einem recht zuverlässigen Indikator – in diesem Fall für die Humanität und Lebensfreude einer Gesellschaft und Kultur.

Kultur: Das zweite Vererbungssystem

Ende der 1950er Jahre hatten Congos abstrakte Gemälde für Furore und heftige Kontroversen gesorgt; selbst Picasso soll eines seiner Werke besessen haben. Als der Künstler 1964 an Tuberkulose starb, hinterließ er mehr als 400 Zeichnungen und Bilder. Im Juni 2005 kamen drei seiner Werke in einem Londoner Auktionshaus zur Versteigerung, und wieder war das öffentliche Interesse groß. Es war in der Tat beeindruckend zu sehen, dass die Bilder in fünfzig Jahren nichts von ihrer Vitalität und Ästhetik eingebüßt hatten. Insofern war es vielleicht keine so große Überraschung, dass sie ein Vielfaches des ursprünglich veranschlagten Preises erbrachten und schließlich für mehr als 14 000 Pfund an einen Sammler moderner Kunst gingen.

Die Kunst ist etwas, auf das Menschen zu Recht stolz sind – neben der Wissenschaft ist sie die vielleicht edelste und ungewöhnlichste ihrer Eigenschaften. Auf keinem anderen Gebiet scheinen sie sich so sehr von den anderen Tieren zu entfernen wie in ihrem Streben nach Ästhetik. Dies erklärt die Irritation, die Congos Bilder bis heute auslösen. Denn Congo war ein Schimpanse. Er ist der berühmteste Künstler unter den nichtmenschlichen Primaten, aber nicht der einzige. Die meisten Tier-Künstler finden sich unter den Schimpansen, aber auch von

Gorillas, Orang-Utans, Kapuzineraffen und Elefanten gibt es Zeichnungen und Bilder. Die Kunst der Tiere lässt sich also nicht so leicht als Einzelfall oder unnatürliches Verhalten von Zootieren von der Hand weisen (Morris 1962). Wenn sich selbst bei der Kunst Vorläufer und Parallelen im Tierreich finden lassen, worin besteht dann das Besondere der menschlichen Kultur?

Was ist Kultur?

Traditionellerweise werden mit dem Wort ‹Kultur› alle Leistungen und Einrichtungen von Menschen bezeichnet, in denen sie sich vom Naturzustand entfernen. Kultur wird also nur Menschen zugesprochen, und sie bildet einen Gegenpol zur Natur, die beherrscht und verfeinert werden soll. Dabei denkt man zunächst an die äußere Natur, die belebte und unbelebte Umwelt, die Menschen mit Werkzeugen nach ihren Bedürfnissen gestalten. Aber auch die körperliche, emotionale und geistige Natur der Menschen selbst soll verfeinert werden. Und schließlich geht es um die Kultivierung der sozialen Beziehungen. Diese Definition ist – allerdings nur auf den ersten Blick – plausibel, denn sie enthält richtige Elemente. Sie greift aber zu kurz. Zum einen setzt sie voraus – was noch zu beweisen wäre –, dass es Kultur nur bei Menschen gibt. Zum anderen beschreibt sie das Phänomen lediglich, ohne es zu erklären, und geht damit über das eigentliche Rätsel hinweg: Wann und warum entfernte sich eine afrikanische Menschenaffen-Art – unsere Vorfahren – vom Naturzustand? Welchen biologischen Sinn hat dieses Verhalten, welchen Selektionsvorteil bedeutete die Erfindung der Kultur? Um den Weg zur Beantwortung dieser Fragen nicht schon im Vorfeld zu verbauen, ist es wichtig, das Wort ‹Kultur› möglichst grundlegend zu definieren, ohne es auf spezielle menschliche Eigenschaften einzuengen.

Unter ‹Kultur› versteht man im Allgemeinen eine Tätigkeit (von lat. *cultura*, Ackerbau, Pflege), im übertragenen Sinn wird das Wort auch für die so entstandenen Produkte verwendet. Tätigkeiten, d. h. Verhaltensweisen, lassen sich auf zwei unterschiedliche Ursachen zurückführen: Sie können genetisch determiniert sein, dann werden sie in der Vererbung weitergegeben. Oder sie werden durch die Erfahrungen bestimmt, die ein Individuum während seiner Lebenszeit macht, dann spricht man von Lernen.

Bei der genetischen Vererbung bilden Gene die Informationseinheiten. Sie produzieren relativ unflexibles Verhalten, das nach den Vererbungsgesetzen auf die Nachkommen übertragen und durch Mutationen, Rekombination und Selektion verändert wird. Im Gegensatz dazu sind erlernte Verhaltensweisen flexibler und können durch Erfahrungen modifiziert werden. Dies kann von Vorteil sein, wenn sich ein Tier in einer veränderlichen Umwelt bewegt. Und es setzt eine gewisse Langlebigkeit voraus, da sich nur dann Erfahrung auszahlen kann. Aus diesem Grund ist das Verhalten von kurzlebigen Arten, beispielsweise bei Insekten, weitestgehend genetisch programmiert. Ein schwerwiegender Nachteil des erlernten Verhaltens besteht aber darin, dass die Erfahrungen von jedem Individuum immer wieder aufs Neue gemacht werden müssen. Dies kann mit großen Risiken verbunden sein, da es erst lernen muss, welche Nahrung giftig, welche genießbar ist oder wo Gefahren drohen.

Soziale Tiere haben die Möglichkeit, diesen Nachteil auszugleichen, indem sie von anderen Gruppenmitgliedern lernen, also an deren Erfahrungen partizipieren. Auf diese Weise entsteht ein zweites ‹Vererbungssystem›, dessen Informationseinheiten (die ‹Meme›) nicht genetisch vererbt, sondern durch Vorbild und Erziehung vermittelt werden (Dawkins 1989). Beide Vererbungssysteme führen zu einem analogen Resultat: Die Individuen in einer sozialen Gruppe verhalten sich ähnlich. Entweder weil sie dieselben Gene ererbt oder weil sie dieselben Meme erlernt haben. Da die sozial erlernten Verhaltensweisen aber auf die oft zufälligen Erfahrungen und ‹Erfindungen› einzelner Individuen (kulturelle ‹Mutationen›) zurückgehen, kommt es zu Unterschieden zwischen den Gruppen. Durch soziales Lernen entstehen also populations-spezifische Verhaltensweisen (‹Traditionen›). Die Gesamtheit dieser Traditionen wird als Kultur bezeichnet (Bonner 1980; Tomasello 2002).

Entsprechend lässt sich Kulturfähigkeit als (soziale) Lernfähigkeit definieren und ist als solche genetisch determiniert, eine

Anpassung. Wenn man sagt, dass erst die Kultur uns zu Menschen macht, so wird damit die enorme und beeindruckende soziale Lernfähigkeit hervorgehoben. Sie ist der besondere Stolz der Menschen. Aber sind sie damit einzigartig?

Schimpansen- und Menschen-Kulturen

Noch vor wenigen Jahrzehnten war über kulturelle Phänomene bei Menschenaffen fast nichts bekannt. Intensiven Feldstudien ist es zu verdanken, dass sich diese Situation seither grundlegend verbessert hat. Eine der bedeutsamsten Entdeckungen war, dass Kultur nicht auf Menschen beschränkt ist. Um nachzuweisen, dass Verhaltensweisen durch soziales Lernen systematisch weitergegeben werden, müssen folgende Voraussetzungen erfüllt sein: 1) Die Individuen innerhalb einer sozialen Gruppe müssen sich unter natürlichen Bedingungen ähnlich, die Individuen aus verschiedenen Populationen anders verhalten. 2) Wenn diese Unterschiede weder durch individuelles Lernen noch durch genetische Variationen erklärt werden können, gilt dies als Hinweis auf soziales Lernen. 3) Diese hypothetische Annahme wird überprüft, indem man den konkreten Lernvorgang beobachtet, bei dem ein Tier das Verhalten eines anderen imitiert oder von ihm angeleitet wird (Boesch & Tomasello 1998; McGrew 2001; Whiten et al. 1999).

Als man verschiedene Verhaltensweisen von Schimpansen zwischen Guinea in West- und Tansania in Ostafrika mit dieser Methode verglich, konnten nicht weniger als 39 verschiedene Traditionen identifiziert werden. Bei analogen Untersuchungen an Orang-Utans kam man auf mindestens 19 Traditionen. Im Gegensatz dazu fand man bei anderen Säugetieren, bei Vögeln und Fischen meist nur jeweils eine oder wenige Traditionen – beispielsweise lokale Dialekte bei Singvögeln. Bei den Menschenaffen scheint also ein evolutionärer Schritt zu einem relativ reichen kulturellen Repertoire erfolgt zu sein.

Welche Verhaltensweisen werden bei Schimpansen kulturell tradiert? Erlernte Unterschiede gibt es zum einen beim Werkzeuggebrauch. So kommen beispielsweise zwei verschiedene

Abb. 18: Schimpansen beim Termitenfang (nach Bonner 1980)

Methoden des Ameisenfangs vor. Bei der ersten angeln die Schimpansen die Ameisen mit einem langen Stock aus ihrem Bau und wischen sie dann mit der Hand ab. Bei der zweiten Methode verwenden die Tiere einen kurzen Stock, den sie zusammen mit den Ameisen direkt in den Mund nehmen. Auch bei sozialem Verhalten wie der Fellpflege oder dem Werbeverhalten gibt es populationsspezifische Unterschiede. So war es in einer Gemeinschaft üblich, sich bei der Begrüßung von Handfläche zu Handfläche zu berühren, in einer anderen bevorzugte man die Handgelenke. Diese Beobachtungen wurden durch kontrollierte psychologische Experimente ergänzt, bei denen die genauen Mechanismen des Lernvorganges analysiert wurden.

Auf diese Weise konnte man zeigen, dass die Kulturen von Schimpansen und Menschen grundlegende Gemeinsamkeiten aufweisen und auf denselben Lernmechanismen beruhen. Wie aber sind die offensichtlichen Unterschiede zu erklären? Der Werkzeuggebrauch von Schimpansen und Menschen ist insofern ähnlich, als beide eine Vielzahl von Gegenständen benutzen. Menschen sind aber in der Lage, komplexere und kombinierte Werkzeuge aus verschiedenen Einzelteilen herzustellen, und sie verwenden sie als Waffen zur Jagd oder bei kriegerischen Auseinandersetzungen. Ähnliches gilt auch für alle anderen Bereiche der Kultur, von der Sprache bis zur Kunst – in jedem Fall erreichen die kulturellen Inhalte bei Menschen eine deutlich größere Komplexität und Vielfalt.

Die kulturelle Komplexität ist eine Folge der überlegenen menschlichen Intelligenz; wichtig scheint aber noch etwas anderes zu sein. Menschen sind in der Lage, kulturelle Errungenschaften nicht nur von einer Generation zur nächsten weiterzugeben, sondern weiterzuentwickeln, wodurch sie zunehmend komplexer werden. Dies beruht auf zwei gegensätzlichen Prozessen, auf imitierendem Lernen und auf Innovation, auf präziser Wiedergabe bei gleichzeitigem punktuellem Durchbrechen der sozialen Konventionen.

Vergleicht man das Lernverhalten von Schimpansen und Kindern, so zeigt sich bei Kindern eine höhere Kopiergenauigkeit. Während Schimpansen in ihrem Verhalten eher pragmatisch auf das Ziel orientiert sind, versuchen Kinder das Verhalten anderer genau nachzuahmen, auch wenn das im Einzelfall weniger effektiv ist. Schimpansen sind durchaus zu kultureller Innovation in der Lage, sie zeigen aber weniger Bereitschaft zu imitierendem Lernen (und aktivem Lehren), durch das diese Innovationen weitergegeben werden. Demnach scheint bei Schimpansen die kumulative Entwicklung der Kultur durch die ungenauere Weitergabe kultureller Informationen blockiert zu werden. Menschen dagegen sind sowohl willens als auch fähig, Handlungen präzise nachzuahmen. Eine genaue Imitation ist aber notwendig, damit Worte und andere abstrakte Symbole als Informationsträger dienen können und komplexe kulturelle Gebilde wie Sprache möglich werden. Die Schattenseite dieser Fähigkeit der Menschen ist ihre schier grenzenlose Tendenz zur Konformität und Indoktrinierbarkeit.

Die ältesten Belege: Steinwerkzeuge

Wann begann die typisch menschliche Kulturentwicklung? Mit den Methoden der Paläoanthropologie lässt sie sich nur nachweisen, wenn sie dauerhafte Spuren hinterlassen hat. Aus diesem Grund sind die ältesten erhaltenen Artefakte Steinwerkzeuge. Von Menschen angefertigte Gegenstände aus Holz, Horn, Leder oder anderen Materialien hat es mit Sicherheit mindestens ebenso früh gegeben. Insofern ist die Bezeichnung ‹Steinzeit› missverständlich, denn sie sagt in erster Linie etwas über die Fundsituation aus. Steinwerkzeuge hatten eine große Bedeutung für das Leben der Australopithecinen und Menschen, Werkzeuge und Gegenstände aus anderen Materialien waren aber ebenso wichtig oder noch wichtiger.

Die frühesten Steinwerkzeuge, die Homininen zugeschrieben werden, sind rund 2,6 Millionen Jahre alt und stammen aus Äthiopien. Nach ihrem ersten Fundort, der Olduvai-Schlucht in Tansania, werden sie Oldowan-Werkzeuge genannt. Es handelt sich um mit wenigen Schlägen aus Geröllsteinen gefertigte Artefakte, aus denen dann auch etwas feinere Werkzeuge hergestellt wurden. Bislang gibt es keine fossilen Hinweise auf eine noch frühere Werkzeugkultur. Andererseits kann man in allen freilebenden Schimpansen-Populationen Werkzeuggebrauch beobachten; teilweise werden auch Steine zum Aufschlagen harter Nüsse verwendet. Es ist also sehr wahrscheinlich, dass die Australopithecinen ähnlich heutigen Schimpansen Werkzeuge aus Holz oder anderen organischen Materialien benutzt und vielleicht auch hergestellt haben. Wenn sich die neueren Theorien der Paläoanthropologen bestätigen, dass es Menschen erst seit 1,9 Millionen Jahren gibt, dann wurden die Oldowan-Werkzeuge ursprünglich von Australopithecinen hergestellt. Die früher übliche Gleichsetzung von Werkzeughersteller und Mensch ist dann nicht zu halten (Ambrose 2001).

Die ersten ausschließlich von Menschen produzierten Steinwerkzeuge wären diejenigen der Acheuléen-Kultur (nach dem französischen Fundort Saint-Acheul). Es handelt sich um zweiseitige Faustkeile, die wohl zum Jagen, zum Zerlegen von Beutetieren und zur Holzbearbeitung verwendet wurden. Die ältesten Exemplare sind fast 1,5 Millionen Jahre alt und wurden in Äthiopien gefunden; noch vor nur rund 200 000 Jahren kamen sie in Europa vor. Die Faustkeile weisen bereits ein gewisses Maß an Standardisierung auf. Ihre Herstellung erforderte zudem erheblich größeren Aufwand und Geschick, als das bei Oldowan-Werkzeugen notwendig war.

Vor knapp 200 000 Jahren entstand eine weitere Werkzeug-Kultur, die nach dem Fundort Le Moustier als Moustérien be-

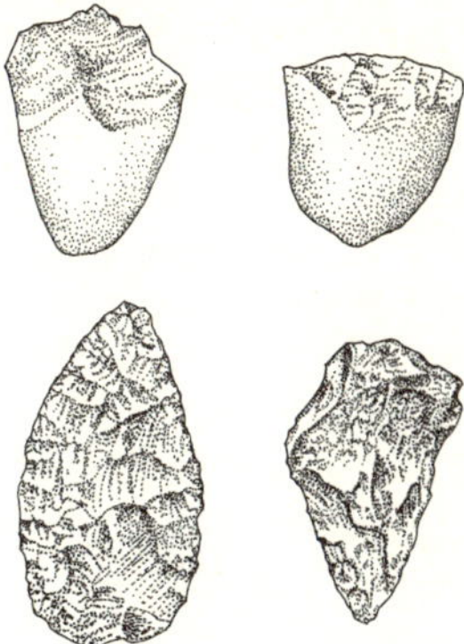

Abb. 19: Steinwerkzeuge. Oben: Oldowan (Geröllgeräte). Unten: Acheuléen (Faustkeile)

zeichnet wird und meist Neandertalern zuzuordnen ist. Diese Artefakte sind wesentlich graziler und vielfältiger als die Acheuléen-Werkzeuge. Es gibt auch bereits regionale Unterschiede, ein typisches Merkmal von Kultur. Die Geräte aus der Zeit nach der Ankunft der Cro-Magnons in Europa vor rund 45 000 Jahren zeigen eine weitere starke Zunahme der funktionalen Spezialisierung und Verfeinerung. Die regionale Differenzierung der kulturellen Traditionen ist noch deutlicher ausgeprägt. Vor rund 30 000 Jahren wurden die Geräte zudem verziert, zu einer Zeit, aus der sich auch künstlerisch gestaltete Felsmalereien, Statuetten und Musikinstrumente finden lassen.

Kommunikation und Sprache

Die Ursprünge der menschlichen Sprache lassen sich noch schwieriger bestimmen als diejenigen des Werkzeuggebrauchs, weil sie weniger Spuren hinterließen. Aus diesen Grund entsteht der Anschein, als sei die Kluft zwischen der menschlichen Sprache, der Komplexität des Wortschatzes, der Grammatik und der mit ihrer Hilfe wiedergegebenen Ideen auf der einen und der Kommunikation nichtmenschlicher Tiere auf der anderen Seite unüberbrückbar. Aber auch hier gibt es eine ganze Reihe von Übereinstimmungen und Indizien, die ein plausibles evolutionsbiologisches Szenario ermöglichen. Sprache ist Kommunikation mit Hilfe von Lauten. Kommunikation aber ist ein extrem weit verbreitetes Phänomen in der Biologie. Der menschliche Körper beispielsweise könnte nicht existieren, wenn die einzelnen Zellen nicht ständig Informationen austauschen würden. Ihre Kommunikation beruht hauptsächlich auf chemischen Botenstoffen; ähnlich organisieren auch Ameisen ihre Staaten. Andere Tiere verwenden visuelle Signale – Körperhaltungen, Gesten, Farben –, um etwas mitzuteilen.

Um zu erklären, warum bei Menschen die Kommunikation mit Hilfe von Lauten, d. h. von Sprache, ihre besondere Bedeutung erlangen konnte, muss man also verschiedene Aspekte unterscheiden: Zum einen ist es notwendig, die Entstehung und Bedeutung sozialer Kommunikation allgemein zu verstehen, und zwar unabhängig davon, ob sie verbal oder nonverbal erfolgt. Zum anderen geht es um die spezielle Funktionsweise der akustischen Kommunikation. Und schließlich stellt sich die Frage, wann und warum in der Evolution der Menschen die Sprache so wichtig wurde.

Kommunikation hat den Zweck, das Verhalten eines anderen Lebewesens, das nicht unbedingt der eigenen sozialen Gruppe oder Art angehören muss, zu beeinflussen. Das Signal trägt eine Information, die wahr oder falsch sein und sowohl zum gegenseitigen Nutzen und zur Kooperation als auch zur Abschreckung, Einschüchterung oder Manipulation dienen kann. Bei sozialen Tieren kommen noch weitere wichtige Funktionen hinzu: Zum einen lassen sich so gemeinsame Handlungen koordinieren. Zum anderen können sich sozial lebende Tiere gegenseitig vor Raubfeinden warnen. Die ostafrikanischen Grünen Meerkatzen beispielsweise kennen mehrere Typen von Alarmrufen, mit denen sie verschiedene Raubtiere – Schlangen, Leoparden, Adler – unterscheiden. Diese Unterscheidung ist wichtig, weil jeweils andere Fluchtwege notwendig sind: Hören sie einen Alarmruf, der vor Leoparden warnt, klettern sie rasch auf Bäume, beim Adler-Alarmruf dagegen springen sie von den Bäumen und verstecken sich im Unterholz. Diese rudimentären Worte müssen von Jungtieren zumindest teilweise erlernt werden.

Die akustischen Signale haben auch die Funktion, die Gruppenmitglieder über die eigenen emotionalen Zustände zu informieren. Darwin hat vermutet, dass dies ursprünglich ganz im Vordergrund stand und dass die Sprache deshalb anfänglich mehr dem heutigen Singen ähnelte (1871, 1: 56). So haben die komplexen und kilometerweit zu hörenden Gesänge der Gibbons die Funktion, Sexualpartner anzulocken und Rivalen zu vertreiben. Selbst die Laute der Schimpansen wurden von Frans de Waal als «Musik aus einer fremden Kultur» bezeichnet, deren Melodien erst nach häufigem Anhören verständlich werden (1998: 21). Für die Interpretation, dass die Sprache aus dem Singen entstand, spricht, dass Musik bis heute eine einzigartige Fähigkeit hat, tiefe, ursprüngliche Emotionen auszudrücken – Liebe, Eifersucht und Triumph ebenso wie Aggression und Herausforderung. Erst später hätten dann diese emotionalen Laute noch eine zweite Funktion übernommen – sachliche Informationen in Form von Sprache zu übermitteln.

Menschen verfügen nicht nur über ein außergewöhnliches Lautspektrum, sondern sie sind vor allem in der Lage, diese Geräusche mittels vielfältiger Regeln zu ordnen und ihre Bedeutungen zu verstehen. Dadurch werden komplexere soziale und kognitive Interaktionen mit einer größeren Zahl von Individuen möglich. Theoretisch wäre es denkbar, dies mit Hilfe einer Gebärdensprache zu bewältigen. Was ist der spezielle Vorteil der akustischen Kommunikation? Zum einen ist sie nicht auf den engen Ausschnitt des Gesichtsfeldes begrenzt. Darüber hinaus lassen sich optische Signale und Gesten im Dunklen, in Wäldern oder in hohem Gras schlecht wahrnehmen. Und schließlich sind die Hände frei, mit denen sich dann Waffen oder andere Objekte tragen lassen.

Einige Autoren sehen in der Verwendung von Symbolen den Schlüssel zur menschlichen Sprache. Wörter sind Geräusche, denen eine willkürliche, d.h. symbolische Bedeutung gegeben wird. Und sie können sich auf Dinge oder Zustände beziehen, die zu anderen Zeiten, an anderen Orten oder überhaupt nicht existieren. Wenn man die aus archäologischen Funden bekannten Anzeichen für einen weiten Gebrauch von Symbolen, d.h.

die frühesten Kunstwerke, als Indikator nimmt, so wäre dieser entscheidende Schritt erst vor rund 40 000 Jahren erfolgt. Dabei handelt es sich aber offensichtlich um einen unzutreffenden Eindruck, der durch die Unvollständigkeit der archäologischen Überlieferung hervorgerufen wird, da die ursprüngliche Aufspaltung der heutigen menschlichen Populationen lange vor diesem Zeitpunkt erfolgte. Im Labor jedenfalls können Schimpansen und Delfine symbolische Kommunikation erlernen, d. h. ein willkürliches Geräusch oder optisches Signal einem bestimmten Gegenstand zuordnen. Auch die Alarmrufe der Meerkatzen lassen sich als Symbole für einen bestimmten Typus von Raubtieren interpretieren.

Die Entwicklung der Sprache der Menschen ist ein komplexes Merkmal, das auf vielfältige Art mit ihrer Lebensweise, der Organisation ihrer Gruppen und der Weitergabe von Informationen verknüpft ist. Die Sprachfähigkeit selbst beruht auf einer ganzen Reihe von biologischen Voraussetzungen, deren Entstehung sich durch Fossilfunde und genetische Analysen nachweisen lässt. So kann man an fossilen Schädeln erkennen, dass es bereits vor rund zwei Millionen Jahren mit der Vergrößerung des menschlichen Gehirns zur Ausbildung der für die motorische Koordination des Artikulationsapparates zuständigen Gehirnareale (Broca-Zentrum u. a.) kam. Die Anatomie des Artikulationsapparates selbst (Mundraum, Rachen, Kehlkopf) hat seit rund 300 000 Jahren ihre anatomisch moderne Form. Menschen können ein größeres Spektrum an Lauten als andere Menschenaffen erzeugen, weil ihr Kehlkopf tiefer liegt. Dadurch kommt es aber leichter zum Verschlucken von Nahrung. Diese partielle Fehlanpassung ist ein wichtiger Hinweis auf einen Design-Kompromiss: Der Nutzen der Konstruktion besteht offensichtlich in der verbesserten Sprachfähigkeit. Und schließlich wurde kürzlich nachgewiesen, dass es bei einem für die Sprach- und Artikulationsfähigkeit wichtigen Gen *(FOXP2)* erst vor 200 000–100 000 Jahren zur endgültigen Mutation kam, die ein neues Niveau sprachlicher Fähigkeiten möglich machte (Kuckenburg 2004; *Science* 2004).

Es gibt also eine Reihe von Hinweisen, die für ein Kontinuum der Kommunikationsfähigkeiten sprechen, aus denen dann die Sprache als eine Spezies-typische Anpassung entstand – nicht als eine späte Erfindung von *Homo sapiens*, sondern im Zusammenhang mit den kognitiven Fähigkeiten, der sozialen Komplexität sowie der Lern- bzw. Kulturfähigkeit der Menschen.

Kunst: Die Notwendigkeit des Luxus

Der Selektionsvorteil der Sprache ist offensichtlich, ihre Entstehung aus den von anderen Primaten erzeugten Lauten plausibel. Welchen Vorteil aber kann die Kunst haben, deren wichtiges Charakteristikum gerade darin besteht, keinen direkten Nutzen haben zu müssen. Die Kunst der Menschen ist ein sehr vielfältiges Phänomen; zu ihren auffälligsten Aspekten gehört das Streben nach Schönheit, die Ästhetik. Dabei wird auf einen Gegenstand oder ein Verhalten besondere Mühe verwandt, ohne dass dies unmittelbar etwas mit seiner Funktion zu tun haben muss. Es werden beispielsweise kostbare, seltene oder schwer zu bearbeitende Materialien verwendet, oder man bringt Verzierungen an.

Das Bemühen um Schönheit kann sich auf alles beziehen, mit dem Menschen in Kontakt kommen. Es gilt für Werkzeuge, Musikinstrumente und Waffen, für Kleidung, Behausungen und Höhlen, den menschlichen Körper (Schmuck, Tätowierungen) ebenso wie für Verhaltensweisen, von Bewegungen (Tanz) bis zur akustischen Kommunikation (Sprache und Gesang). Menschen genügt es offensichtlich nicht, dass Dinge, Verhaltensweisen und die Kommunikation effektiv sind, sondern sie sollen auch schön sein. Die 3800 Jahre alte berühmte Himmelsscheibe von Nebra beispielsweise ist ein aus kostbaren Materialien angefertigter, äußerst ästhetischer Kalender. Für diese Funktion hätte eine einfache Holz- oder Bronzescheibe auch ausgereicht.

Seit wann legen Menschen Wert darauf, sich mit schönen Dingen zu umgeben? Die ältesten eindeutig als Kunstwerke identifizierbaren Gegenstände wurden in Mittel- und Westeuropa gefunden. Es handelt sich um Statuetten, Höhlenmalereien und Musikinstrumente, die auf ein Alter von rund 35 000 Jahren

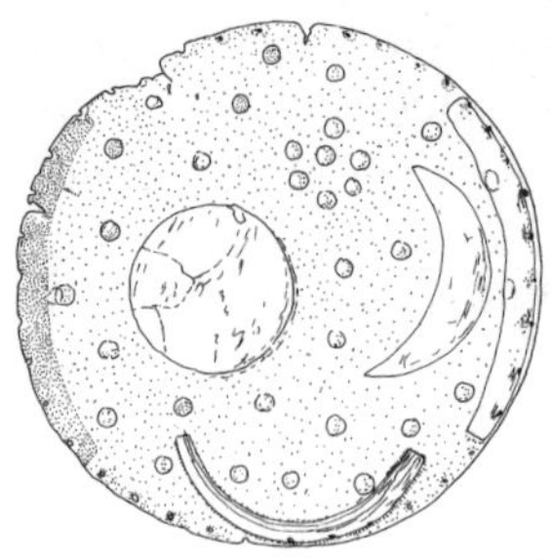

Abb. 20: Die Himmelsscheibe von Nebra – ein Kalender der Bronzezeit. Die Scheibe wurde vor rund 3800 Jahren angefertigt, hat einen Durchmesser von 32 cm und diente dazu, die Winter- und Sommersonnenwende (und damit den Zeitpunkt von Aussaat und Ernte) zu bestimmen. 1999 wurde sie zusammen mit Prunkschwertern gefunden.

datiert werden. Dargestellt werden meist Tiere – Löwen, Nashörner und Wisente–, Menschen oder Mischwesen. Aus derselben Zeit stammen die ältesten bekannten Musikinstrumente – Flöten aus Schwanenknochen und Mammutelfenbein–, auf denen sich uns vertraute Melodien spielen lassen (*Eiszeitkunst* 2001). Den mit der Kunst verwandten Schmuck gibt es schon länger, in Israel wurden rund 100000 Jahre alte perforierte Muscheln gefunden, die wohl für Schmuckketten verwendet wurden.

Wenn die archäologischen Funde ein annähernd zuverlässiges Bild erlauben, dann kam es vor rund 40000 Jahren zu einem entscheidenden Entwicklungsschritt in der Geschichte der Menschheit. Wie aber ist diese so genannte ‹jungpaläolithische Revolution› zu bewerten? Handelt es sich um den letzten Schritt einer viel älteren und überwiegend kontinuierlichen Entwicklung der Kunst? Oder war es ihr eigentlicher Beginn, während frühere Menschen – Neandertaler oder *Homo erectus* – noch weitgehend kunstlose Wesen waren? Was ist mit den anderen menschlichen Populationen in Afrika, Asien oder Australien, zu denen zu diesem Zeitpunkt keine Kontakte bestanden?

Die Beantwortung dieser Fragen hängt auch davon ab, ob man nur als Kunst gelten lässt, was unseren heutigen Kunstgattungen entspricht, oder ob man nach Indizien für ein allgemeines Bemühen um Schönheit sucht. Wenn man aus dieser letzten Perspektive die frühesten erhaltenen menschlichen Artefakte, d.h. Steinwerkzeuge, betrachtet, so gibt es einen deutlichen Bruch. Bei den Oldowan-Werkzeugen fällt es in der Tat schwer, Merkmale für ästhetisches Bewusstsein zu finden. Ganz anders sieht es bei den bis zu 1,5 Millionen Jahre alten Acheuléen-Faustkeilen aus. Die Feinheit der Bearbeitung, die symmetrische Form und das verwendete Material machen sie zu ausgesprochen schönen Artefakten. Für Werkzeuge aus Stein, Holz oder Knochen späterer Zeiten gilt dies noch sehr viel mehr. Seit etwa 100 000 Jahren ist auch der Gebrauch farbiger Mineralien zur Bemalung des Körpers oder von Gegenständen belegt. Wenn man also beim Verständnis von ‹Kunst› über die kodifizierten Kunstgattungen der Gegenwart hinausgeht und sie als ästhetischen Gestaltungswillen auffasst, dann waren die frühesten Kunstwerke Faustkeile, vielleicht auch Holzschnitzereien, Körperbemalungen und Gesänge, von denen wir aber nichts wissen, da sie keine Spuren hinterließen.

Warum sind Menschen darauf programmiert, sich mit schönen Dingen zu umgeben, was empfinden sie als schön? Biologische Verhaltensweisen können sich nur entwickeln, wenn sie den Individuen einen Nutzen bringen. Kunst scheint aber oft das genaue Gegenteil zu sein, es geht in ihr gerade nicht um die reine Effektivität. Dieser scheinbare Widerspruch zum anpassungstheoretischen Programm lässt sich auflösen, wenn man über die bloße Überlebensdienlichkeit der Kunst hinausgeht und ihre Funktion als Signal betrachtet. Sie ist ein Zeichen, dass der Künstler oder der Besitzer es sich leisten kann, auch an sich nutzlose Dinge herzustellen oder zu besitzen. Je schwerer dies im Einzelfall ist, je mehr ein Individuum in der Lage ist, sich mit für das Überleben unnützen Dingen auszustatten, desto eher beweist es seine – letztlich überlebensdienlichen – allgemeinen Fähigkeiten.

In der Biologie kennt man analoge Phänomene bei vielen Arten, sie werden mit dem Handikap-Prinzip erklärt, das Amotz Zahavi auf der Basis von Darwins Prinzip der sexuellen Auslese entwickelt hat (Zahavi et al. 1997; Miller 2000: 258–91). So haben die Männchen vieler Tierarten große, die Bewegungsfreiheit einschränkende Körperteile. Das berühmteste Beispiel ist das lange Gefieder von Pfauen oder Paradiesvögeln. Bei anderen Arten locken die Männchen mit lautem Gesang, bunten

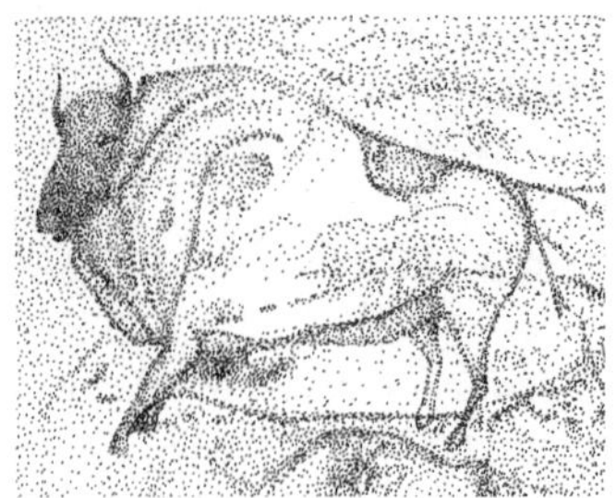

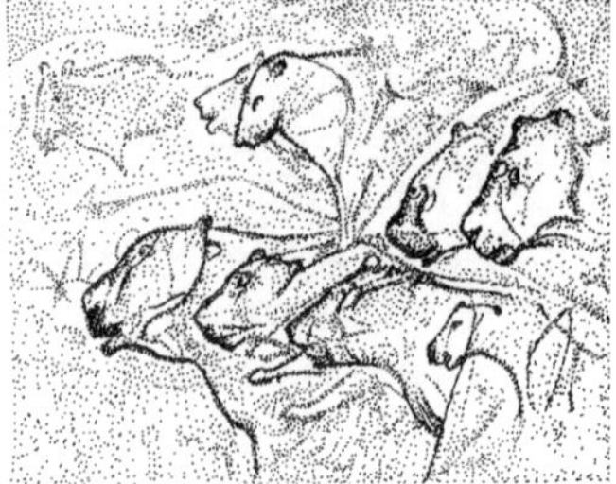

Abb. 21: Darstellung eines Wisent und jagender Löwen aus der südfranzösischen Grotte Chauvet (nach neuer Datierung rund 36 000 Jahre vor heute)

Farben oder auffälligen Präsentationen nicht nur die Weibchen, sondern auch Raubtiere an. Bei Menschen sind in diesem Zusammenhang die nackte Haut, lange Kopfhaare, der Bart der Männer und die Dauerschwellung der weiblichen Brust zu nennen. Im Sinne des Überlebens sind solche Merkmale eher hinderlich und schädlich, Handikaps eben.

Warum aber sollte ein Tier sein Handikap stolz vorführen, und warum sollte ein Reproduktionspartner daran Gefallen finden? Zahavis Erklärung ist, dass Signale, mit denen ein Individuum auf seine Qualitäten aufmerksam macht, betrügerisch sein können. Bei der sexuellen Auswahl kommt es aber darauf an, zuverlässige und eindeutige Indikatoren für den genetischen Status der potenziellen Partner zu verwenden. Signale ohne Kosten bieten sich zum Missbrauch an, deshalb werden sich solche durchsetzen, die schwierig zu produzieren sind. Kunst und Statussymbole allgemein eignen sich dafür, weil sie mit großen Mühen und hohen Kosten verbunden sind, eben Luxus und ein echtes Handikap darstellen.

Wenn die Kunst durch die sexuelle Auslese entstand, dann waren die ältesten Kunstformen vielleicht Körperbemalungen und Schmuck. Von Cro-Magnons weiß man, dass sie ihre Körper mit Ketten, Armreifen und Bemalungen verzierten; bis heute betonen Menschen auf diese Weise die Schönheit ihrer Körper und ihren Status. Die Anfertigung eindrucksvoller (Höhlen-)

Malereien und schöner Figuren erforderte Talent und signalisiert nicht nur bei heutigen Naturvölkern Überlegenheit und Wohlstand. Schmuck, Werkzeuge und Kleidung sind gewissermaßen außerkörperliche Organe, die nach Bedarf für spezifische Einsätze genutzt und danach abgelegt werden können. Die Aufmerksamkeit der potenziellen Reproduktionspartner wird also nicht mehr nur auf den Körper selbst, sondern zudem auf künstlich zusammengetragene Verzierungen und Statussymbole gelenkt (auf den ‹erweiterten Phänotyp›; Dawkins 1982).

Kunst hat nicht nur eine Form, sondern auch einen Inhalt – es ist die Welt der Phantasie, der Träume und der Albträume. Im Gegensatz zur Wissenschaft erhebt sie gerade keinen Anspruch auf eine genaue Abbildung der realen Welt, sondern zeigt, was sein könnte, eine Welt zwischen Realität und Wunsch. Die Phantasien eines Menschen sind aber ein zentrales Element seiner Identität und sollen deshalb, genauso wie der Körper und die Objekte, mit denen man sich umgibt, schön oder zumindest interessant sein. In derselben Weise kann Kunst auch für soziale Gruppen identitätsstiftend sein, wenn sie die gemeinsamen Phantasien repräsentiert und ihnen besonderen Wert verleiht, indem sie diese aufwändig und ästhetisch darstellt. Aus diesem Grund spielt die Kunst eine so wichtige Rolle für das Überleben eines Individuums und einer Gruppe, deshalb haben Eroberer aller Zeiten nicht nur die Festungen, sondern auch die Kunstwerke eines Volkes zerstört.

Die Neolithische Revolution

Die Neolithische Revolution war die wohl folgenreichste Umwälzung in der Geschichte der Menschen. Nachdem sie fast zwei Millionen Jahre als Jäger und Sammler gelebt hatten, begann vor rund 10 000 Jahren eine dramatische Veränderung, deren Folgen und Ende noch nicht abzusehen sind. Es war keine politische Revolution, sie war nicht geplant, und sie spielte sich auch nicht innerhalb weniger Jahrhunderte ab. Ähnlich wie die industrielle Revolution war sie eine technologische und ökonomische Umwälzung. Im Verlauf eines einzelnen Menschenlebens war der Wandel kaum bemerkbar; menschheitsgeschichtlich betrachtet, vollzog er sich aber in geradezu atemberaubendem Tempo.

Im 19. Jahrhundert hatte man das Neolithikum, die Jungsteinzeit, durch eine verbesserte Technik der Steinbearbeitung charakterisiert. In den 1930er Jahren schlug der Prähistoriker Vere Gordon Childe dann eine ökonomische Definition vor: Als ‹Neolithische Revolution› wird seither eine neue Art der Nahrungsgewinnung bezeichnet. Vor rund 10 000 Jahren begannen Menschen im Fruchtbaren Halbmond des Nahen Ostens – zwischen Mittelmeer, Türkei und Irak – und wenig später auch in China und Amerika zu wesentlich effektiveren Formen der Nahrungsgewinnung, zu Ackerbau und Viehzucht, überzugehen. Grundlage waren die Tiere und Pflanzen, von denen sie sich schon früher ernährt hatten; in Amerika war es beispielsweise der Mais, im Nahen Osten wildwachsende Weizen- und Gerstesorten. Neben Getreide wurden hier auch verschiedene Tiere, besonders Ziegen, Schafe, Rinder und Schweine, domestiziert. Die größere Menge an verfügbarer Nahrung führte zu einer höheren Bevölkerungsdichte, die zunächst Dörfer und schließlich die ersten Städte ermöglichte.

Ende der 1950er Jahre wurde im anatolischen Hochland im Süden der heutigen Türkei eine rund 9000 Jahre alte neolithische ‹Metropole› entdeckt, die einen detaillierten Einblick in die Lebensweise der ersten Bauern ermöglicht (Hodder 2006). In Çatalhöyük lebten bis zu 10 000 Menschen; wie bei den Pueblos der nordamerikanischen Indianer standen die Häuser dicht an dicht, sie waren also nicht durch Straßen voneinander getrennt. Ein wichtiger Grund für diese Bauweise waren wohl die besseren Möglichkeiten zur Verteidigung der mühsam erarbeiteten Vorräte gegen umherziehende Jäger-Sammler-Gruppen, die es ja nach wie vor gab.

In vielerlei Hinsicht ist Çatalhöyük ein faszinierendes Beispiel für den Übergang zur neuen Lebensweise, es war noch keine

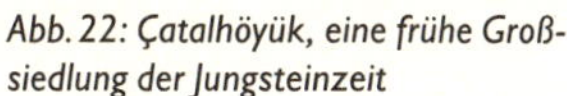

Abb. 22: Çatalhöyük, eine frühe Großsiedlung der Jungsteinzeit

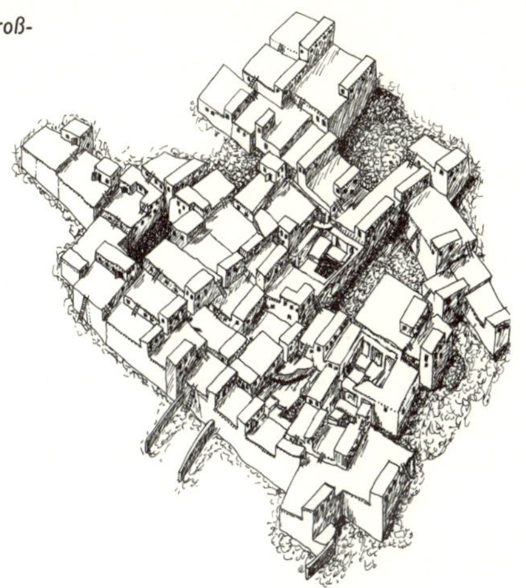

richtige Stadt mit voll ausgebildeter Arbeitsteilung, sondern eher ein großes Bauerndorf; auch die Ernährung war noch stärker von Jagen und Sammeln geprägt, als das in späteren Bauernkulturen der Fall war. Dies ist aber zu erwarten, da die Züchtung ertragreicher Pflanzensorten und die Zähmung von Tieren sehr langwierige Vorgänge sind. Ackerbau und Viehzucht konnten also nicht in kurzer Zeit zu den hauptsächlichen Nahrungsquellen werden, sondern ergänzten zunächst die Jagd und das Sammeln wilder Pflanzen und gewannen erst allmählich ihre spätere, dominierende Bedeutung.

Was waren die Ursachen für die Neolithische Revolution? Sie setzte zum einen voraus, dass es Menschen gab, die in der Lage waren, die Chancen zu nutzen, die ein günstiges Klima und das Vorhandensein von domestizierbaren Pflanzen und Tieren ermöglichten. Anatomisch moderne Menschen sind seit fast 200 000 Jahren belegt; die Werkzeuge und Kunstwerke der Cro-Magnons zeigen, dass sie in ihren geistigen Fähigkeiten heutigen Menschen nicht nachstanden. Es muss also noch weitere Gründe geben, warum es erst vor rund 10 000 Jahren Anfänge der landwirtschaftlichen Produktionsweise gab. Ein entscheidender Anstoß kam wohl durch äußere, wahrscheinlich klimatische Veränderungen. Vor 24 000 bis 16 000 Jahren hatte die letzte Eiszeit ihren Höhepunkt erreicht, danach war es weltweit wärmer geworden.

Die Folgen der Neolithischen Revolution waren jedenfalls tiefgreifend: Es kam zur Sesshaftigkeit und zur Arbeitsteilung, zunächst zwischen Bauern und Handwerkern, später kamen neue spezialisierte Arbeitsbereiche zur Verwaltung und Verteidigung der Nahrungsvorräte hinzu. Weitere Folgen waren ein deutliches Bevölkerungswachstum, die städtische Siedlungsweise, neue Religionsformen, kulturelle Errungenschaften wie die Schrift und die stetige Aufrechterhaltung bewaffneter Verbände. Innerhalb weniger tausend Jahre entstanden in Ägypten und Vorderasien die ersten Hochkulturen. Die neue Produktionsweise veränderte auch die Menschen selbst, sie erforderte Voraussicht, Planung und strategisches Denken, die bewusste und aktive Beherrschung der Natur war nun in den Bereich des Möglichen gerückt.

Die Lebensweise der Jäger und Sammler war die erfolgreichste und dauerhafteste in der Geschichte der Menschheit, und doch wurde sie in wenigen tausend Jahren von der bäuerlichen Kultur fast völlig verdrängt. Es ist sicher nicht übertrieben zu sagen, dass die moderne Zivilisation ein direkter Abkömmling der Neolithischen Revolution ist. Je mehr deren Schattenseiten und Risiken in den Vordergrund treten, desto ambivalenter erscheint ihr historischer Ursprung. Die veränderte Nahrungsgewinnung führte ja auch zu einseitiger Ernährung und Hungersnöten, zu krassen sozialen Ungleichheiten, zu Krankheiten, Sklaverei und Gewaltherrschaft. Während sich das Leben einer kleinen Schicht verbesserte, wurde das Los der Mehrheit eher schlechter. Die Landwirtschaft ermöglichte ein starkes Bevölkerungswachstum, wodurch aber die Überschüsse wieder aufgezehrt wurden, was eine weitere Intensivierung erforderte. Heute stehen die Menschen vor der Wahl, entweder mehr Nahrung zu erzeugen oder das Bevölkerungswachstum zu begrenzen. Sollte Letzteres nicht gelingen, so ist eine ökologische und menschliche Katastrophe wohl nicht zu verhindern. Das Leben der Menschen hat sich durch den Übergang von der Jagd zur Landwirtschaft also nicht generell verbessert, er ist ein durchaus zweischneidiges Schwert.

Europa: Kulturelle oder genetische Expansion?

In den letzten Jahrzehnten gab es eine höchst interessante und hitzige Kontroverse über die Frage, *wie* sich Ackerbau und Viehzucht ausgebreitet haben. Was hat sich verbreitet, waren es Menschen oder Ideen, Gene oder Meme? Auf diese Frage muss es keine einheitliche Antwort geben, d. h., in Europa kann dies anders erfolgt sein als in Ostasien oder Amerika. Für Europa ist durch archäologische Funde gesichert, dass die landwirtschaftliche Produktionsweise vor rund 9000 Jahren aus dem Nahen Osten übernommen wurde. Man beobachtet ein langsames Vordringen, das sich mit wechselnden und lokal unterschiedlichen Geschwindigkeiten vollzog. Nach etwa 4000 Jahren waren auch die am weitesten entfernten Gebiete (England, Skandinavien) erreicht.

In den 1980er Jahren hatte der Genetiker Luca Cavalli-Sforza aufgrund allgemeiner Überlegungen und erster genetischer Daten dafür plädiert, dass sich die Landwirtschaft ‹demisch›, d. h. aufgrund einer «durch demographischen Druck erzwungenen Expansion von Menschen, eben der Ackerbauern», verbreitet hat (Cavalli-Sforza et al. 1994: 221). Da Bauern eine durchschnittlich höhere Kinderzahl hatten, seien die Jäger und Sammler genetisch verdrängt worden und damit ihre Lebensweise. Die Cro-Magnons hätte also dasselbe Schicksal ereilt, das 20 000 Jahre früher die Neandertaler getroffen hat. Ein alternatives Szenario besagt, dass sich die Bevölkerungszusammensetzung in Europa kaum verändert hat und nur die kulturellen Inhalte, d. h. die Ideen und Techniken, wanderten.

Woher also kommen die heutigen Europäer, handelt es sich überwiegend um anatolische Bauern, die erst vor wenigen tausend Jahren einwanderten, oder sind sie die Nachfahren der Cro-Magnons, der Jäger und Sammler, die Europa schon vor 45 000 Jahren besiedelten? Vergleichende DNA-Untersuchungen an Y-Chromosomen und Mitochondrien haben noch kein ein-

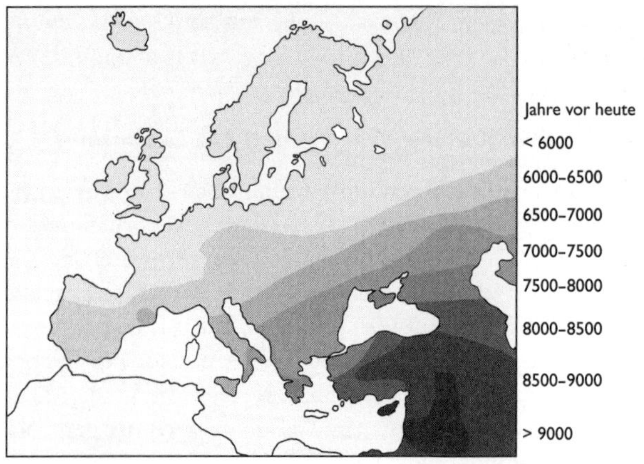

Abb. 23: Allmähliche Ausbreitung des Ackerbaus in Europa (nach Cavalli-Sforza et al. 1994)

deutiges Ergebnis erbracht. Einer neueren Studie zufolge haben mehr als 80 Prozent der europäischen Männer das Y-Chromosom von den Cro-Magnons. Nur rund 20 Prozent stammen von neolithischen Farmern oder späteren Einwanderern. Ähnliche Zahlen haben sich für Frauen aufgrund der mitochondrialen DNA ergeben (Semino et al. 2000; Haak et. al. 2005). Wenn sich dies bestätigt, dann wurde die genetische Zusammensetzung der europäischen Bevölkerung im Zuge der neuen Nahrungsproduktion modifiziert, nicht aber grundlegend neu gestaltet. Die Neolithische Revolution scheint in Europa also in erster Linie ein kulturelles und kein genetisches Ereignis gewesen zu sein, d. h., die heutigen Europäer sind ganz überwiegend die Nachkommen der Cro-Magnons.

Die biologische Zukunft der Menschheit

Seit zwei Millionen Jahren gibt es echte Menschen, die Gattung *Homo*, seit 200 000 Jahren unsere eigene Art *Homo sapiens*. Wird es in 200 000 oder in zwei Millionen Jahren noch Menschen geben, wie werden sie aussehen, und in welcher Welt werden sie leben? Darüber kann die Wissenschaft nichts aussagen, da es zu viele Unwägbarkeiten gibt, und sie muss diese ferne Zukunft der Phantasie überlassen. Einigermaßen realistisch sind aber Fragen zu beantworten, die sich auf die unmittelbare biologische Zukunft der Menschheit beziehen.

Wird sich die Menschheit durch natürliche Vorgänge in verschiedene Arten aufspalten? Die Antwort ist ein klares Nein. Arten entstehen in der Natur aus geographisch getrennten Populationen (‹Rassen›), d. h. durch genetische Isolation. Heute kann man die geographische Herkunft vieler Menschen noch mit einer hohen Wahrscheinlichkeit aufgrund äußerer Merkmale wie der Hautfarbe bestimmen. Dies ist möglich, weil die Populationen nach der ursprünglichen Aufspaltung von *H. sapiens* vor mehr als 100 000 Jahren und der Auswanderung aus Afrika weitgehend isoliert waren und sich deshalb differenzieren konnten. Durch verbesserte Verkehrsmittel, durch Schiffe und Flugzeuge, wurde diese Isolation beendet, und die Populationen beginnen sich wieder zu vermischen. Dieser Prozess ist erst in den Anfängen begriffen, aber in einigen Generationen werden die heute noch deutlichen Unterschiede zwischen den Menschen der verschiedenen Kontinente weitgehend verschwunden sein.

Hat die Evolution der Menschen durch die Zivilisation einen Endpunkt erreicht, liegt eine Phase des Stillstands vor uns? Oder lassen sich Veränderungen prognostizieren, und wenn ja, kommt es zu Fortschritt oder Rückschritt (Degeneration)? Neue genetische Varianten werden durch Mutationen hervorgerufen, die wiederum durch physikalische und chemische Ursachen sowie durch Kopierfehler der DNA entstehen. Daran hat sich durch die moderne Umwelt nichts grundlegend geändert; wenn überhaupt, sind Mutationen durch neue Umweltgifte häufiger geworden. An genetischer Variabilität, dem Rohmaterial der Evolution, besteht also kein Mangel. Mutationen wirken sich aber in der Regel negativ auf die Lebensfähigkeit aus, weil Organismen komplexe, über lange Zeit optimierte Systeme darstellen, die viel leichter zu stören als zu verbessern sind. Anpassungen und Verbesserungen von Funktionen entstehen nur, wenn die wenigen vorteilhaften Mutationen durch Selektion angehäuft werden.

Gibt es unter den Bedingungen der Zivilisation noch eine natürliche oder sexuelle Auslese? Sie wurde abgeschwächt und hat ihre Richtung geändert, aber sie ist nicht völlig außer Kraft gesetzt. So führen viele Mutationen dazu, dass ein Embryo nicht lebensfähig ist und abstirbt. Schätzungen gehen davon aus, dass bis zu 80 Prozent aller Keime bei Menschen nicht ausgetragen werden. In diesem Sinne gibt es also noch eine intensive natürliche Auslese. Bei weniger gravierenden genetischen Störungen, wie beispielsweise bei Diabetes, ist dies aber nicht der Fall, und dementsprechend wird eine quantitative Zunahme die Folge sein. Allgemein gesprochen, kommt es, wenn der Selektionsdruck auf bestimmte Merkmale aufgehoben wird, durch die spontan vorkommenden Mutationen zu einem allmählichen Funktionsverlust. Die Einführung von Brillen, Kontaktlinsen etc. wird also allmählich zur Verschlechterung der Sehfähigkeit führen, ähnlich wie das bei Höhlentieren der Fall ist. Ein akutes Degenerationsszenario, wie es in der ersten Hälfte des 20. Jahrhunderts viele Anhänger hatte, ist aber nicht gerechtfertigt, wenn man bedenkt, dass es sich bei der Evolution um einen generationenübergreifenden und damit sehr langsamen Prozess handelt (Junker & Paul 1999).

Was ist mit evolutionären Fortschritten? Werden die Menschen allgemein klüger, gesünder, schöner oder sozialer? Menschen mit diesen Fähigkeiten wirken sicher attraktiver, und sie werden mehr Sexualpartner anziehen. Biologisch wird sich das aber nur auswirken, wenn sie auch mehr Kinder haben. Dafür gibt es aber kaum Hinweise, eher das Gegenteil könnte der Fall sein. Im Moment gibt es wohl keinen Selektionsdruck in Richtung auf eine genetische Verbesserung der Menschheit. Erstaunlicherweise scheint das schon für einen längeren Zeitraum so zu sein. Wenn man von Fossilfunden ausgeht, so hat sich das menschliche Gehirn in den letzten 150 000 Jahren nicht vergrößert. Zwischen kognitiven Fähigkeiten und Reproduktionserfolg könnte also schon länger keine positive Korrelation mehr bestehen. Man mag es bedauern oder begrüßen, aber die biologische Evolution der Menschen spielt in der gegenwärtigen Situation nur eine sehr untergeordnete Rolle. Die Gene sind jedoch Teil der Natur, und eines Tages werden Menschen fähig und vielleicht auch willens sein, diesen Teil der Natur zu beherrschen. Ob dann unsere Träume oder eher unsere Albträume Realität werden, ist noch nicht entschieden.

Wie weit reicht die Deutungsmacht der evolutionsbiologischen Methode? Ob die Methode an Grenzen stößt, lässt sich erst sagen, wenn man versucht hat, diese Grenzen zu überschreiten. Menschen sind nicht nur nackte, sondern auch neugierige Menschenaffen. Zu allen Zeiten hatten sie Angst vor neuen Wahrheiten – wenn es die Umstände zuließen, hat aber ihre evolutionsbiologisch erklärbare Freude an neuen Entdeckungen und Erkenntnissen gesiegt. Beispielhaft habe ich gezeigt, wie erfolgreich sich körperliche Merkmale und typische Verhaltensweisen der Menschen von der Sexualität bis zur Kunst bereits heute erklären lassen. Andere Fragen mussten unberücksichtigt bleiben: Warum werden Menschen krank, warum sterben sie? Was ist die Bedeutung der weiblichen Menopause? Warum legen Menschen Wert auf ihre Freiheit? Warum verzichten sie so häufig auf Nachwuchs, wenn sie, wie alle Organismen, darauf programmiert sind, ihre Gene maximal zu verbreiten? Aber auch diese Rätsel sind mit der Methode der Evolutionsbiologie lösbar, klare Definitionen, biologisches Basiswissen und die Freude an geistigen Herausforderungen vorausgesetzt.

Weiterführende Literatur

Übersichtswerke zur Evolution des Menschen

Cavalli-Sforza, L. L., & F. Cavalli-Sforza. *Chi siamo. La storia della diversità umana*. Milano: Mondadori, 1993 (deutsche Ausg.: *Verschieden und doch gleich*, 1994).

Dawkins, R. *The ancestor's tale: A pilgrimage to the dawn of life*. London: Phoenix, 2005.

Diamond, J. *The third chimpanzee*. New York: HarperCollins, 1992 (deutsche Ausg.: *Der dritte Schimpanse*, 1998).

Foley, R. *Humans before humanity*. Oxford: Blackwell, 1995 (deutsche Ausg.: *Menschen vor Homo sapiens*, 2000).

Henke, W., & H. Rothe. *Stammesgeschichte des Menschen*. Berlin [u. a.]: Springer, 1999.

Henke, W., & H. Rothe. *Menschwerdung*. Frankfurt a. M.: Fischer, 2003.

Johanson, D., & B. Edgar. *From Lucy to language*. London: Weidenfeld & Nicolson, 1996 (deutsche Ausg.: *Lucy und ihre Kinder*, 1998).

Olson, S. *Mapping human history: Discovering the past through our genes*. Boston: Houghton Mifflin, 2002 (deutsche Ausg.: *Herkunft und Geschichte des Menschen*, 2003).

Schrenk, F. *Die Frühzeit des Menschen*. 4. Aufl. München: Beck, 2003.

The Cambridge encyclopedia of human evolution. Eds. S. Jones et al. Cambridge: Cambridge UP, 1992.

Theorie der Evolution

Encyclopedia of evolution. Ed. M. Pagel. Oxford: Oxford UP, 2002.

Evolution: Wege des Lebens. Hrsg. J. Grolle. München: DVA, 2005.

Kutschera, U. *Evolutionsbiologie*. 2. Aufl. Stuttgart: Ulmer, 2006.

Mayr, E. *What evolution is*. New York: Basic Books, 2001 (deutsche Ausg.: *Das ist Evolution*, 2003).

Nüsslein-Volhard, C. *Das Werden des Lebens. Wie Gene die Entwicklung steuern*. München: Beck, 2004.

Storch, V., U. Welsch & M. Wink. *Evolutionsbiologie*. 2. Aufl. Berlin [u. a.]: Springer, 2007.

The evolution of living systems (including hominids). Eds. F. M. Wuketits & F. J. Ayala. Weinheim: Wiley-VCH, 2004.

Williams, G. C. *Adaptation and natural selection*. Princeton: Princeton UP, 1966.

Geschichte der Evolutionstheorie und der Anthropologie

Blumenbach, J. F. *Über die natürlichen Verschiedenheiten im Menschengeschlechte*. 3. Aufl. Leipzig: Breitkopf und Härtel, 1798.

Bowler, P. J. *Theories of human evolution: A century of debate, 1844–1944*. Baltimore: The Johns Hopkins UP, 1986.

Darwin, C. *On the origin of species by means of natural selection, or the preservation of favoured races in the struggle for life*. London: Murray, 1859 (deutsche Ausg.: *Über die Entstehung der Arten …*, 1860).

Darwin, C. *The descent of man, and selection in relation to sex*. 2 vols. London: Murray, 1871 (deutsche Ausg.: *Die Abstammung des Menschen und die geschlechtliche Zuchtwahl*, 1871).

Haeckel, E. *Natürliche Schöpfungsgeschichte* [1868]. 11. Aufl. Berlin: Reimer, 1911.

History of physical anthropology. Ed. F. Spencer. 2 vols. New York: Garland, 1997.

Hoßfeld, U. *Geschichte der biologischen Anthropologie in Deutschland*. Stuttgart: Steiner, 2005.

Junker, T. *Geschichte der Biologie. Die Wissenschaft vom Leben*. München: Beck, 2004 a.

Junker, T. *Die zweite Darwinsche Revolution: Geschichte des synthetischen Darwinismus in Deutschland 1924–1950*. Marburg: Basilisken-Presse, 2004 b.

Junker, T., & U. Hoßfeld. *Die Entdeckung der Evolution: Eine revolutionäre Theorie und ihre Geschichte*. Darmstadt: WBG, 2001.

Lewin, R. *The origin of modern humans*. New York: Scientific American Library, 1993 (deutsche Ausg.: *Die Herkunft des Menschen*, 1995).

Mayr, E. *The growth of biological thought*. Cambridge, Mass.: Belknap Press, 1982 (deutsche Ausg.: *Die Entwicklung der biologischen Gedankenwelt*, 1984).

Mühlmann, W. E. *Geschichte der Anthropologie*. 4. Aufl. Wiesbaden: Aula, 1986.

Die Deutungsmacht der Evolutionsbiologie

Campbell, B. G. *Human evolution: An introduction to man's adaptations*. 2 d ed. Chicago: Aldine, 1974 (deutsche Ausg.: *Entwicklung zum Menschen*, 1979).

Dawkins, R. *The selfish gene*. New ed. Oxford: Oxford UP, 1989 (deutsche Ausg.: *Das egoistische Gen*, 1994).

Eibl-Eibesfeldt, I. *Die Biologie des menschlichen Verhaltens*. 2. Aufl. München/Zürich: Piper, 1986.

Lorenz, K. *Das Wirkungsgefüge der Natur und das Schicksal des Menschen*. München/Zürich: Piper, 1978.

Morris, D. *The naked ape*. London: Jonathan Cape, 1967 (deutsche Ausg.: *Der nackte Affe*, 1968).

Nesse, R. M., & G. C. Williams. *Why we get sick: The new science of Darwinian medicine*. New York: Times Books, 1995 (deutsche Ausg.: *Warum wir krank werden: Die Antworten der Evolutionsmedizin*, 1997).

Tree of origin: What primate behavior can tell us about human social evolution. Ed. F. B. M. de Waal. Cambridge, Mass.: Harvard UP, 2001.

Voland, E. *Grundriss der Soziobiologie*. 2. Aufl. Heidelberg [u. a.]: Spektrum, 2000.

Wilson, E. O. *On human nature*. Cambridge, Mass.: Harvard UP, 1978 (deutsche Ausg.: *Biologie als Schicksal*, 1980).

Wilson, E. O. *Sociobiology*. Abridged ed. Cambridge, Mass.: Belknap Press, 1980.

Homo sapiens? – Pan sapiens!

Bonis, L. de. *Vom Affen zum Menschen*. Teil I: *Evolution der Primaten*. Teil II: *Evolution des Menschen*. Spektrum Compact 2001–02.

Brunet, M., et al. «A new hominid from the Upper Miocene of Chad, Central Africa», *Nature* 418 (2002): 145–51.

Gmelin, J. G. *Reliquias* ... Stuttgart: Heringianis, 1861.

Linnaeus, C. *Systema naturae*... Leiden: de Groot, 1735. 10. Aufl. 2 Bde. Stockholm: Salvius, 1758–59.

Linnaeus, C. *Philosophia botanica*. Stockholm: Kiesewetter, 1751.

Nature 2005. «The chimpanzee genome», *Nature* 437 (1 September 2005).

Pilbeam, D., & N. Young. «Hominoid evolution: Synthesizing disparate data», *Comptes Rendus Palevol* 3 (2004): 305–21.

Sarich, V. M., & A. C. Wilson. «Immunological time scale for hominid evolution», *Science* 158 (1967): 1200–3.

Stewart, C.-B., & T. R. Disotell. «Primate evolution – in and out of Africa», *Current Biology* 8 (1998): R582–8.

Tyson, E. *Orang-Outang, sive Homo sylvestris* ... London: Bennet, 1699.

Zollikofer, C. P. E., et al. «Virtual cranial reconstruction of *Sahelanthropus tchadensis*», *Nature* 434 (2005): 755–9.

Von Affen zu Menschen

Bramble, D. M., & D. E. Lieberman. «Endurance running and the evolution of *Homo*», *Nature* 432 (2004): 345–52.

Depdolla, P. «Hermann Müller-Lippstadt (1829–1883) und die Entwicklung des biologischen Unterrichts», *Sudhoffs Archiv* 34 (1941): 261–334.

Macdonald, D., ed. *The new encyclopedia of mammals*. Oxford: Oxford UP, 2001 (deutsche Ausg.: *Die große Enzyklopädie der Säugetiere*, 2004).

Niemitz, C. *Das Geheimnis des aufrechten Gangs*. München: Beck, 2004.

Sterne, C. [E. Krause]. *Werden und Vergehen*. 3. Aufl. Berlin: Bornträger, 1886.

Wood, B., & M. Collard. «The Human Genus», *Science* 284 (1999): 65–71.

Wood, B., & B. G. Richmond. «Human evolution: Taxonomy and paleobiology», *Journal of Anatomy* 197 (2000): 19–60.

Wrangham, R. W. «Out of the *Pan,* into the fire: How our ancestors' evolution depended on what they ate». In *Tree of origin* (2001): 119–43.

Afrika und die Eroberung der Welt

Bräuer, G. «The ‹Afro-European *sapiens*-hypothesis›, and hominid evolution in East Asia during the late Middle and Upper Pleistocene», *Courier Forschungsinstitut Senckenberg* 69 (1984): 145–65.

Brown, P., et al. «A new small-bodied hominin from the Late Pleistocene of Flores, Indonesia», *Nature* 431 (2004): 1055–61.

Cann, R. L., et al. «Mitochondrial DNA and human evolution», *Nature* 325 (1987): 31–6.

Carroll, S. B. «Genetics and the making of *Homo sapiens*», *Nature* 422 (2003): 849–57.

Cavalli-Sforza, L. L., & M. W. Feldman. «The application of molecular genetic approaches to the study of human evolution», *Nature Genetics* 33 (2003): 266–75.

Hofsten, N. v. «Zur älteren Geschichte des Diskontinuitätsproblems in der Biogeographie», *Zoologische Annalen* 7 (1916): 197–353.

Mellars, P. «A new radiocarbon revolution and the dispersal of modern humans in Eurasia», *Nature* 439 (2006): 931–35.

Schrenk, F., & S. Müller. *Die Neandertaler*. München: Beck, 2005.

Science 2001. «Human evolution: Migrations», *Science* 291 (2 March 2001).

Stringer, C. «Modern human origins: Progress and prospects», *Phi. Trans. R. Soc. Lond.* B 357 (2002): 563–79.

Templeton, A. R. «Out of Africa again and again», *Nature* 416 (2002): 45–51.

Thorne, A. G., & M. H. Wolpoff. «Multiregionaler Ursprung der modernen Menschen», *Spektrum der Wissenschaft* (Juni 1992): 80–7.

Vom Neandertaler zum modernen Menschen. Hrsg. N. J. Conard et al. Ostfildern: Thorbecke, 2005.

Wilson, A. C., & R. L. Cann. «Afrikanischer Ursprung des modernen Menschen», *Spektrum der Wissenschaft* (Juni 1992): 72–9.

Das evolutionäre Erbe

Neurath, O. «Protokollsätze», *Erkenntnis* 3 (1932/33): 204–14.

Simpson, G. G. «Biology and the nature of science», *Science* 139 (1963): 81–8.

Intelligenz als Anpassung

Byrne, R. W., & A. Whiten, eds. *Machiavellian intelligence*. Oxford: Clarendon Press, 1988.

Dunbar, R. I. M. «Brains on two legs: Group size and the evolution of intelligence». In *Tree of origin* (2001): 173–91.

Freud, S. *Gesammelte Werke [GW]*. 18 Bde. London: Imago, 1940–52.

Goren-Inbar, N., et al. «Evidence of hominin control of fire at Gesher Benot Ya'aqov, Israel», *Science* 304 (2004): 725–7.

Hoevels, F. E. «Das psychische Trauma», *System ubw. Zeitschrift für klassische Psychoanalyse* 18,1 (2000): 41–9.

Martin, R. D. «Hirngröße und menschliche Evolution», *Spektrum der Wissenschaft* (September 1995): 48–55.

Roth, G. *Das Gehirn und seine Wirklichkeit*. Frankfurt a. M.: Suhrkamp, 1994.

Whiten, A., & R. W. Byrne, eds. *Machiavellian intelligence II*. Cambridge: Cambridge UP, 1997.

Sexualität und Strategien der Reproduktion

Alexander, R. D., et al. «Sexual dimorphisms and breeding systems in pinnipeds, ungulates, primates, and humans». In Chagnon & Irons (1979): 402–35.

Alexander, R. D., & K. M. Noonan. «Concealment of ovulation, parental care, and human social evolution». In Chagnon & Irons (1979): 436–53.

Chagnon, N. A., & W. Irons, eds. *Evolutionary biology and human social behavior*. North Scituate, Mass.: Duxbury Press, 1979.

de Waal, F. B. M. «Apes from Venus: Bonobos and human social evolution». In *Tree of origin* (2001): 39–68.

Gould, J. L., & C. G. Gould. *Sexual selection*. New York: Scientific American Library, 1989 (deutsche Ausg.: *Partnerwahl im Tierreich*, 1990).

Grammer, K. *Signale der Liebe*. Hamburg: Hoffmann & Campe, 1993.

Harcourt, A. H., et al. «Testis weight, body weight and breeding system in primates», *Nature* 293 (1981): 55–7.

Miller, G. *The mating mind*. New York: Doubleday, 2000 (deutsche Ausg.: *Die sexuelle Evolution*, 2001).

Ridley, M. *The Red Queen*. London: Viking, 1993 (deutsche Ausg.: *Eros und Evolution*, 1995).

Science 1998. «The Evolution of Sex», *Science* 281 (25 September 1998).

Short, R. V. «Sexual selection and its component parts, somatic and genital selection, as illustrated by man and the great apes», *Advances in the Study of Behavior* 9 (1979): 131–58.

Gesellschaft und Macht

Barnosky, A. D., et al. «Assessing the causes of late Pleistocene extinctions on the continents», *Science* 306 (2004): 70–5.

Blumenbach, J. F. *Beyträge zur Naturgeschichte*. 2. Theil. Göttingen: Dieterich, 1811.

Buffon, G. *Histoire naturelle, générale et particulière*. 15 Bde. Paris: Imprimerie royale, 1749–67. Bd. 4, 1753.

de Waal, F. *Chimpanzee Politics*. Rev. ed. Baltimore: The Johns Hopkins UP, 1998 (deutsche Ausg. *Unsere haarigen Vettern*, 1983).

Gehlen, A. *Der Mensch*. 13. Aufl. Wiesbaden: Quelle & Meyer, 1997.

Goodall, J. *The chimpanzees of Gombe*. Cambridge, Mass.: Harvard UP, 1986.

Steinbach, K. *Es gab einmal eine bessere Zeit ... (1965–1975)*. Freiburg: Ahriman, 2004.

Trivers, R. L. «The evolution of reciprocal altruism», *The Quarterly Review of Biology* 46 (1971): 35–57.

Kultur

Ambrose, S. H. «Paleolithic technology and human evolution», *Science* 291 (2001): 1748–53.

Boesch, C., & M. Tomasello. «Chimpanzee and human cultures», *Current Anthropology* 39 (1998): 591–614.

Bonner, J. T. *The evolution of culture in animals*. Princeton: Princeton UP, 1980 (deutsche Ausg.: *Kultur-Evolution bei Tieren*, 1983).

Dawkins, R. *The extended phenotype: The long reach of the gene*. Oxford: Oxford UP, 1982.

Eiszeitkunst im süddeutsch-schweizerischen Jura. Hrsg. C.-S. Holdermann et al. Stuttgart: Theiss, 2001.

Kuckenburg, M. *Wer sprach das erste Wort?* Stuttgart: Theiss, 2004.

McGrew, W. C. «The nature of culture: Prospects and pitfalls of cultural primatology». In *Tree of origin* (2001): 229–54.

Morris, D. *The biology of art*. New York: Alfred Knopf, 1962 (deutsche Ausg.: *Biologie der Kunst*, 1963).

Science 2004. «Evolution of language», *Science* 303 (27 February 2004).

Tomasello, M. *The cultural origins of human cognition*. Cambridge, Mass.: Harvard University Press, 1999 (deutsche Ausg.: *Die kulturelle Entwicklung des menschlichen Denkens*, 2002).

Whiten, A., et al. «Cultures in chimpanzees». *Nature* 399 (1999): 682–5.

Zahavi, A., & A. Zahavi. *The handicap principle*. Oxford: Oxford UP, 1997 (deutsche Ausg. *Signale der Verständigung: Das Handicap-Prinzip*, 1998).

Die Neolithische Revolution

Haak, W., et. al. «Ancient DNA from the first European farmers in 7500-year-old neolithic sites», *Science* 310 (2005): 1016–8.

Hodder, I. *Çatalhöyük: The leopard's tale.* London: Thames & Hudson, 2006.

Junker, T., & S. Paul. «Das Eugenik-Argument in der Diskussion um die Humangenetik». In *Biologie und Ethik*. Stuttgart: Reclam, 1999, S. 161–93.

Semino, O., et al. «The genetic legacy of paleolithic *Homo sapiens sapiens* in extant Europeans: A Y chromosome perspective», *Science* 290 (2000): 1155–9.

Register

C.H.BECK WISSEN

in der Beck'schen Reihe

Zuletzt erschienen:

2108: Graf, **Der Protestantismus**
2210: Schmalzriedt, **Ravels Klaviermusik**
2212: Voss, **Bachs Konzerte**
2318: Schallmayer, **Der Limes**
2362: Jehne, **Die römische Republik**
2363: Müller-Beck, **Die Eiszeiten**
2366: Rahmstorf/Schellnhuber, **Der Klimawandel**
2370: Stausberg, **Zarathustra und seine Religion**
2371: Schmidt, **Das politische System der Bundesrepublik Deutschland**
2372: Ehrismann, **Das Nibelungenlied**
2373: Schrenk/Müller, **Die Neandertaler**
2374: Selz, **Sumerer und Akkader**
2375: Kolb, **Der Frieden von Versailles**
2376: Gruber, **Wolfgang Amadeus Mozart**
2377: Maier, **Stonehenge**
2378: Wolf, **Die UNO**
2379: Demel, **Der europäische Adel**
2380: Theml, **Krebs und Krebsvermeidung**
2381: Wuketits, **Darwin und der Darwinismus**
2383: Auffarth, **Die Ketzer**
2384: Bannenberg/Rössner, **Kriminalität in Deutschland**
2385: Heyde, **Geschichte Polens**
2386: Möhring, **Saladin**
2387: Dickmann, **Pompeji**
2388: Kaufmann, **Martin Luther**
2389: Leitner, **Die Aborigines Australiens**
2392: Ehlers, **Die Ritter**
2393: Göhrich, **Die Staufer**
2394: Herbers, **Jakobsweg**
2396: Krumeich, **Jeanne d'Arc**
2397: Laudage, **Die Salier**
2398: Schneidmüller, **Die Kaiser des Mittelalters**
2399: Stollberg-Rilinger, **Das Heilige Römische Reich Deutscher Nation**
2400: Otto, **Mose**
2401: Reinhardt, **Geschichte der Schweiz**
2402: Stackelberg, **Voltaire**
2403: Conermann, **Das Mogulreich**
2404: Weinke, **Die Nürnberger Prozesse**
2405: Sammer, **Mutter Teresa**
2409: Junker, **Die Evolution des Menschen**
2410: Herrmann, **Das Weltall**
2411: Bergdolt, **Die Pest**
2502: Thürlemann, **Rogier van der Weyden**
2506: Adriani, **Paul Cézanne**
2606: Krieger, **Geschichte Hamburgs**
2607: Kroll, **Geschichte Hessens**
2615: Bohn, **Geschichte Schleswig-Holsteins**